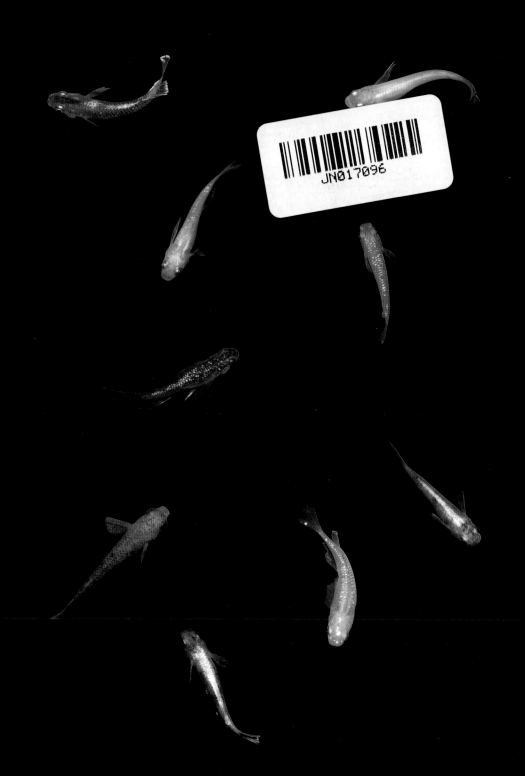

JN017096

はじめに

　メダカは日本人に古くから親しまれてきた魚です。近年、マンションでも手軽に飼えるペットとして注目を集めています。目にも鮮やかな改良メダカたちも人気に花を添えています。

　メダカを飼うきっかけは人それぞれですが、メダカのいる暮らしはとても豊かです。生活空間に小さな水槽がやってくるだけで、人生が明るくなったような気がします。小さく愛らしい姿はいつだって私たちの心を癒してくれるからです。

　メダカの飼育はそんなに難しいことではありません。ただ、簡単でもありません。なぜならメダカは生き物ですから、愛情を込めて育てないとすぐに弱ってしまいます。それでも、他の観賞魚に比べたら飼育は簡単ですし、少しくらいお世話を手抜きしても大丈夫なたくましさ（図太さ？）も持っています。

　本書はメダカをはじめて飼う方に向けた指南書です。メダカなどの魚や飼育用品の通販大手であるチャーム監修のもと、メダカの選び方から育て方、水槽のレイアウトまで飼育に必要な情報をもれなく詰め込みました。最後までお楽しみいただき、メダカをもっと好きになっていただけたら嬉しいです。

1時間目 生態を知ろう メダカの学校

知っているようで知らない日本人にとって身近な魚であるメダカ。いったい、どんな生きものなのか? なぜ飼育ブームが起きているのか? 小さくて愛らしいメダカの魅力に迫ります。

メダカってどんな生きもの？

私たちの身近にいるメダカ。あなたはメダカの暮らしを知っていますか？

丈夫で飼いやすい

水温の変化に強く、エサも少なくてOK。特別な手をかけなくても元気に過ごしてくれます。

寿命は1〜3年

野生のメダカは1年から1年半、飼育下ではその2倍も生きると言われています。

実は絶滅危惧種

環境の変化や外来種により全国的に激減。2003年に環境省のレッドリストに登録されました。

野生種と改良品種

古来の野生メダカはニホンメダカでしたが、江戸時代に品種改良が始まったとされています。

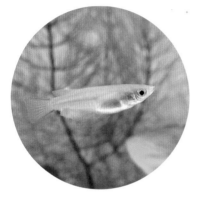

小さくて美しい

成魚になっても全長3〜4cmの大きさ。自然になじむ淡い体色で日本人の目を癒してくれます。

繁殖させやすい

強い繁殖力を持ち、屋外では自然に殖えていきます。一回の産卵で5〜20個の卵を産みます。

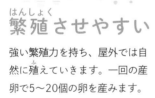

手に入りやすい

熱帯魚屋、専門店、ホームセンター、オンラインショップで購入可能。品種も増えています。

日本人とともに歩んできたメダカ

童謡「メダカの学校」でおなじみのメダカは、もともと日本で生息していた魚です。日本の原風景である里山の小川や田んぼなどに暮らし、日本人に長く親しまれてきました。江戸時代には黒メダカを鉢に入れて飼うことが流行し、観賞魚としても人気になりました。今は品種改良が進み、さまざまな体色や形の品種が生み出されて、メダカの飼育ブームが続いています。

メダカのカラダ

小さいメダカですが、体のパーツでオスとメスの違いがあります。それぞれの役割を知りましょう。

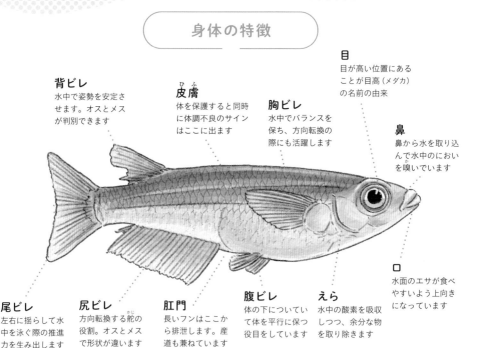

身体の特徴

目
目が高い位置にあることが目高（メダカ）の名前の由来

背ビレ
水中で姿勢を安定させます。オスとメスが判別できます

皮膚
体を保護すると同時に体調不良のサインはここに出ます

胸ビレ
水中でバランスを保ち、方向転換の際にも活躍します

鼻
鼻から水を取り込んで水中のにおいを嗅いでいます

口
水面のエサが食べやすいよう上向きになっています

尾ビレ
左右に揺らして水中を泳ぐ際の推進力を生み出します

尻ビレ
方向転換する舵の役割。オスとメスで形状が違います

肛門
長いフンはここから排泄します。産道も兼ねています

腹ビレ
体の下についていて体を平行に保つ役目をしています

えら
水中の酸素を吸収しつつ、余分な物を取り除きます

あれ？ 耳はどこ？

メダカの耳は目の後ろあたりのカラダの中にあります。水中や外からの音を振動で感じ取っています。

日本で一番小さな淡水魚

日本に生息する淡水魚の中で最も小さいとされるメダカは、水田や小川など水流のゆるやかな環境を好み、それに適した体型をしています。体は小さくてもヒレは大きく、非常に力強く、素早くスイスイ泳ぎます。

目と口が上側についているのは、水面に浮かぶエサを見つけて食べやすい利点があるからとされています。

オスとメスの違い

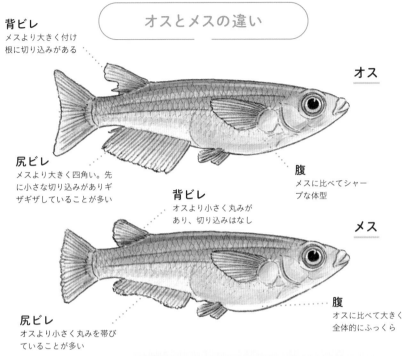

背ビレ
メスより大きく付け根に切り込みがある

オス

尻ビレ
メスより大きく四角い。先に小さな切り込みがありギザギザしていることが多い

背ビレ
オスより小さく丸みがあり、切り込みはなし

腹
メスに比べてシャープな体型

メス

尻ビレ
オスより小さく丸みを帯びていることが多い

腹
オスに比べて大きく全体的にふっくら

見分けるポイント
・背ビレ＆尻ビレが大きいのがオス
・背ビレ付け根に切り込みがあるのがオス
・尻ビレがギザギザしているのがオス

メダカの観賞法

横見

上見

上見と横見がある

メダカの観賞法には上見（うわみ）と横見（よこみ）があります。上から見ても横から見ても楽しめるのがメダカですが、ヒレ長などは横から見るとより美しさを堪能できるはずです。

ヒレが長く美しい種は横見がおすすめ。

体外光やラメなどは上から見るのがおすすめ。

メダカの暮らしと生態

野生のメダカはどんな環境で暮らしているのでしょう。
ここではメダカの生態に迫ります。

メダカが暮らす場所

田んぼや小川、池や沼

野生のメダカが暮らしているのは田んぼや小川、沼などです。水の流れがゆるやかで天敵が少なく、ミジンコなどのエサも豊富にいる環境です。水田には稲作の時期に小川などから水路をつたってやってきます。

里山など日本の原風景に
メダカは生きてきました。

メダカの一日と一年

日の出とともに活発になり日没とともに眠るのが基本サイクルですが、長時間の睡眠はとらず、こまめに睡眠をとります。野生のメダカは冬になると冬眠し、春から夏にかけて積極的に産卵をします。

メダカの一日

睡眠

夕方
6時　ご飯

朝
6時　ご飯

自由時間

飼育下ではご飯は1日2、
3回食べきれる量を。

メダカの一年

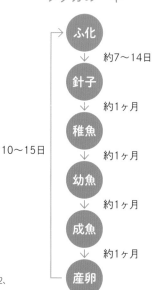

ふ化
↓　約7〜14日
針子
↓　約1ヶ月
稚魚
↓　約1ヶ月
幼魚
↓　約1ヶ月
成魚
↓　約1ヶ月
産卵

10〜15日

メダカの習性

集団で行動

野生のメダカの多くは群れを作り行動します。集団行動することで外敵をいち早く発見し身を守ります。

なわばりがある

野生ではあまり見られませんが、水槽などの安定した環境下ではなわばり争いをすることがあります。

流れに逆らって泳ぐ

水流を起こすとそれに逆らうように泳ぎます。自分たちがいる環境から流されないようにするためです。

冬眠する

水温が10℃以下になると活動が著しく低下し、エサも食べずに冬眠状態になります。

グルグル

ぐるぐる回る

水槽ではあまり見られませんが、野生のメダカは群れを作り同じ方向に規則正しく泳ぐことがあります。

呼ぶと水面に上がってくる

飼育されたメダカはエサやりのタイミングで声をかけ続けると、人間に慣れて水面に顔を出します。

おーい

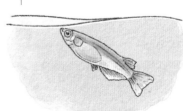

人間になつく飼育下のメダカ

野生のメダカは警戒心が強く、常に群れで行動するなど臆病な生き物です。それでも、室内の水槽で飼育されたメダカはエサをくれる人間になつくことがあります。10℃以上の水温が保たれた環境では冬眠せず、一年を通して活発に活動します。流れに逆らって泳ぐ習性のあるメダカは、水流が強い環境だと疲弊（ひ）します。飼育下でもあまり強い水流は作らないよう注意しましょう。

メダカの分布と歴史

メダカという生きものはどこから来たのでしょうか？ そして日本で
どのように分布しているのでしょう？ ルーツを探ります。

メダカはどこから来たのか？

これまでメダカはどこを起源とするかわかっていませんでした。最近の研究で世界中のメダカのDNAを解析したところ、一番古いメダカはインド周辺を起源とすることがわかりました。当時のインドは大陸で、やがてユーラシア大陸と衝突したことで、アジア一帯にも生息地域を拡大したと考えられています。メダカは「ダツ目」に分類されますが、同じ起源の魚の多くは海水魚です。どこの段階で海水魚と淡水魚に分岐したかは謎ですが、古くは恐竜のいた時代からということがわかっています。脈々とその遺伝子は受け継がれてきたのです。

キタノメダカ

2011年に発見され青森県から京都府の日本海側まで分布するのが「北日本集団」＝キタノメダカ。

ミナミメダカ

東北地方の太平洋側から関東、沖縄にいたるまで広く分布するのが「東日本集団」＝ミナミメダカ。

北日本集団

南日本集団

メダカの分布

東南アジア全体に分布しているメダカですが、最近の研究で日本にいる野生のメダカは、2種いることがわかっています。2011年に新種として登録されたのがおもに青森県から京都府にかけての日本海側に分布している「キタノメダカ」です。それ以外が、東北の太平洋側から沖縄まで広く分布している「ミナミメダカ」です。キタノメダカはオスの背びれの切れ込みが小さく、ウロコの輪郭（りんかく）が網目状で、後方に不規則な黒い斑点（はんてん）があるといった特徴があります。ちなみに国内におけるメダカの生息の北限は青森までとされています。

はじめてのメダカ　目次

1時間目
生態を知ろう
メダカの学校

2時間目
いろいろある
メダカの飼い方

3時間目
泳ぐ宝石
メダカの図鑑

4時間目
新品種も夢じゃない
メダカの繁殖

5時間目
メダカを愛でる
素敵なレイアウト

放課後
もっと知りたい
メダカのQ&A

2時間目 いろいろある メダカの飼い方

環境の変化に強いメダカはさまざまな飼い方ができます。ベランダやお庭で飼うもよし、室内で観賞魚として飼うもよし。容器の種類もさまざま。あなた好みのメダカライフを実現しましょう。

メダカの飼い方4か条

- ・メダカは絶対放流しない
- ・エサを与えすぎない
- ・過密飼育を避ける
- ・水はなるべくキレイに

メダカの飼い方いろいろ

メダカを飼うのは屋内と屋外、どちらが正しいのでしょう。
どちらも正解です。

> どこで飼うか？

屋内	屋外

メリット

- いつでも観察できる
- 水温管理がしやすい
- 冬でも産卵が可能

デメリット

- 日光が不足しがち
- 必要な機材がある
- メンテナンスの手間がかかる

屋内では安定した水温で飼育することができます。繁殖はもちろん観賞を目的とする場合は室内飼育がおすすめです。

メリット

- 機材があまり必要ない
- 管理の手間が少ない
- 美しく丈夫に育つ

デメリット

- 水温変化が大きい
- 増水による流出リスク
- 天敵の被害にあう

自然に近い環境で育てることができます。日照時間が不足することなく、色鮮やかで丈夫なメダカに育てやすいです。

どう飼うか？

水槽で飼う

横から眺めることができ観賞を目的とする場合は水槽がおすすめ。水質管理に気を付ける必要がありますが、観賞魚の一般的な飼育方法です。

水鉢で飼う

近年は水鉢を使ったビオトープが人気。底に土や砂石を敷いて水草を入れれば、自然の環境を手軽に再現できます。

小さな器で飼う

小さな器で机に置けば癒しの効果。水質が悪化しやすいので定期的なチェックが必要です。酸素を供給する水草を入れましょう。

トロ箱で飼う

大きな水槽で飼育することで水質は安定します。水深が浅めで観察しやすく、繁殖を目的とする愛好家はこのスタイルが多いようです。

メダカはどこでも飼える

　メダカの飼育スタイルは人それぞれ。マンションの室内からベランダ、家の庭まで、どこでも手軽にメダカライフを楽しむことができます。飼育環境により必要なものは異なりますが、元気に育てるには水質を安定させることが大切です。定期的な水換えを行い、エサの食べ残しやフンを掃除してあげることで、メダカにとって快適で暮らしやすい環境を作ることができます。

飼う前の準備

メダカを飼う前に何が必要？ 手間のかからないメダカですが、
最低限、揃えたいアイテムがあります。

どこで買える？

・熱帯魚屋
・オンラインショップ
・ホームセンター

必要な飼育用品

飼育容器
水槽でも鉢でもどんな器で
飼うかを考えましょう

エサ
市販のエサはなんでも食べ
ますが実は好みがあります

網
手で触るとメダカは火傷し
ます。網を使いましょう

屋内で必要

中和剤（カルキ抜き）
メダカは塩素が苦手。水道
水は中和してから入れます

照明
屋内飼育の場合は照明で生
活リズムを作ることが大事

フィルター
水質を安定させます。定期
的な水換えと同じ効果あり

あると良い飼育用品

バケツ
水換え用の水を用意すると
きに外にも置けて便利です

水温計
水温が高すぎるとメダカは
弱ります。水温管理は大事

水草
酸素を供給。卵の産卵場所
や隠れ家にもなります

底床材
底砂、土、ソイル、赤玉土
などの底床材で水質も安定

スポイト
卵や稚魚を取り出します。
底に落ちたゴミの除去にも

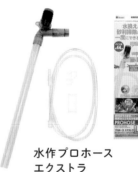

**水作プロホース
エクストラ**
砂利はそのまま、底に溜ま
ったゴミと飼育水だけ排出

コケ取り
水槽の壁面に生えてくるコ
ケを手軽に除去できる

屋内で必要

ヒーター
水温を上げると冬季でも観
賞や繁殖を楽しめます

最高の環境づくり

　メダカは容器と水、そしてエサ
さえあれば飼育を始めることが可
能です。ただ、メダカが住みやす
い環境を維持するためにはさまざ
まなグッズが必要です。いまは便
利で手ごろなアイテムがたくさん
出ています。必要なものを吟味し
て、メダカが喜ぶ最高の環境を用
意してあげましょう。

水槽づくり

メダカのおうちとなる水槽づくり。簡単だけど絶対に守ってほしい
ルールがあるのです。

何匹飼う？

1リットルにつき1匹が目安！

メダカの適切な匹数＝水槽の容量
（リットル）。たくさん入れすぎる
とストレスを感じ、水質もすぐに
悪化します。

水槽のサイズとメダカの数の目安

サイズ	容量	メダカの数
幅20cm×奥行20cm×高さ20cm	8L	～8匹
幅30cm×奥行15cm×高さ30cm	約14L	～14匹
幅30cm×奥行30cm×高さ30cm	27L	～27匹
幅60cm×奥行30cm×高さ36cm	65L	～65匹

環境悪化には すべて原因あり

　水槽を置く場所は大事です。適
度な日当たりはメダカの健やかな
成長に欠かせませんが、直射日光
が当たりすぎると温度が上がった
り、コケが繁殖したりと水質悪化
につながります。冬に屋外で飼う
場合は水ごとメダカが凍らないよ
う水深に注意。

どこに置く？

屋内

○良い
・日当たりが良い
・平面で安定している
・周囲に電化製品がない
・風通しが良い

×良くない
・直射日光が当たりすぎる
・日がまったく当たらない
・エアコンの風が直接当たる
・音がうるさい

屋外

○良い
・風通しが良い

×良くない
・地面に直置き
・ずっと日光に当たる
・猫や鳥に狙われる
・冬に水底まで凍る

水槽づくりの手順

1. 水槽をセット

安定した場所でセットします。カーテンのない窓際や電化製品の周囲に置くことは避けたほうがいいでしょう。

2. 底床材を入れる

底砂、土、ソイル、赤玉土などの底床材を床に敷き詰めます。最後は手で軽くならします。

3. 水を入れる

勢いよく水を入れるとすぐに濁り、透明になるまで時間がかかります。別の器などで水を受けながら入れましょう。

4. 中和剤を入れる

水道水を使う場合は中和剤を使ってカルキ（塩素）を抜きます。屋外でバケツに1日汲み置きでも抜けます。

5. 完成

水の濁りがおさまったら完成です。このあとお好みで水草や石を配置してレイアウトを楽しみましょう。

水道水中和のメリット

底床材を入れると水草などのレイアウトも楽しめますが、最初は濁りやすいので気をつけてください。水道水を日光に当ててカルキ抜きした水を使ってもいいのですが、酸素をたっぷり含んだ水道水を中和して使うほうがよいという考えもあります。

メダカが喜ぶ環境づくり

飼うとなったらできるだけメダカが喜ぶ環境にしたいもの。
快適空間を演出できるアイテムを紹介します。

メダカが喜ぶ水槽

水草

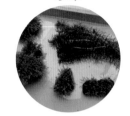

酸素を供給したり、外敵から隠れたり産卵場所にもなります。いろんな種類の水草があるのでメダカに合ったものを。

ソイル

水草が育つために必要な栄養を含んでいて、同時に水質悪化も防ぎます。メダカは底面に床材があると安心します。

フィルター

定期的に水交換できない場合はフィルターを入れるといいでしょう。水質を安定させ、酸素を供給してくれます。

水草とフィルターで快適

　水草はメダカ飼育でぜひとも欲しいアイテム。酸素の供給や産卵場所となるのはもちろん、日陰を作ったり、メダカの隠れ家となったりします。水質悪化を防ぐ効果も期待できます。メダカがおやつ（？）として食べることもあります。

　フィルターは室内飼育ではあったほうがよいアイテムです。水をろ過することで水質の浄化にもつながり、酸素の供給もできます。広い場所いらずで水流も強くならない投げ込み式がメダカ飼育では定番です。

メダカが喜ぶ水

カルキ抜きは必須

水道水にはカルキが含まれています。殺菌効果の高い塩素はメダカや水中のバクテリアにとって毒になります。

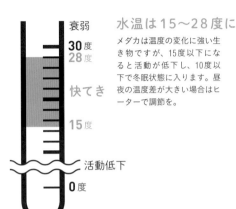

衰弱
30度
28度

快てき

15度

活動低下

0度

水温は15〜28度に

メダカは温度の変化に強い生き物ですが、15度以下になると活動が低下し、10度以下で冬眠状態に入ります。昼夜の温度差が大きい場合はヒーターで調節を。

グリーンウォーターもOK

植物プランクトンを豊富に含んだグリーンウォーターは稚魚の飼育環境に最適。一度作ってしまえばエサもいらないぐらい栄養満点。

バクテリアで水がキレイに

メダカのフンなど有害物質を分解するバクテリアはソイルなどに定着します。バクテリアには水質を安定させる力があります。

欠かせない日光浴

屋外飼育のメダカが大きく成長するのは日射時間が関係しています。メダカは日光を浴びるとビタミンAやビタミンDを作り出します。

水質が生育に影響

　メダカの生育環境の良し悪しは、水質にかかっているといっても過言ではありません。水質はこまめな管理が大事ですが、飼育用品で安定させることもできます。メダカが喜ぶ水づくりを試行錯誤しながらやるのも楽しいでしょう。

メダカの選び方

どんなメダカと一緒に暮らすのか。あなたのメダカライフは
そこから始まります。

どこで手に入れる？

お店で買う

熱帯魚屋や専門店、今ならホーム
センターでもメダカを購入できま
す。自分の目でメダカを見て、店
員さんと相談しながら選べるのが
大きなメリットです。

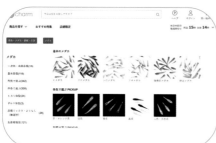

オンラインショップで買う

本書の監修を務めるチャームをは
じめオンラインショップも便利で
す。価格もお手頃で種類も豊富。
レビューも参考になります。

人からもらう

メダカ愛好家には繁殖を楽しみに
している人がたくさんいます。メ
ダカに興味を持っていることを伝
えると稚魚を分けてくれるかも。
（メダカは直接触らないようにしまし
ょう。人の体温でヤケドします）

どのメダカを飼う?

ヒメダカ、白メダカ、黒メダカなどの一般的な品種は、
丈夫なうえに価格も安いので初心者におすすめです。

最初は丈夫で
飼いやすい品種を

メダカは品種によって飼育のしやすさが異なります。最初はヒメダカや幹之などの丈夫そうな一般種がいいでしょう。

学校などで飼育する場合はヒメダカが一般的です。

メダカを迎え入れる

袋のまま浮かべる

メダカは温度差に敏感。まずはお互いの水の温度を合わせましょう。

袋に水槽の水を入れる

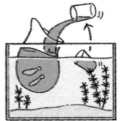

温度の次は水質を合わせます。ゆっくりと水を合わせていきます。

メダカを放す

温度と水質が一定になったらいよいよメダカを水槽に放ちましょう。

水槽に入れる前に
「水合わせ」を

水質に敏感な熱帯魚などに比べてメダカは環境の変化に強いといわれていますが、ストレスを与えないようしっかり水合わせしましょう。

一度飼ったメダカは
絶対に放流しない!

メダカのエサとお世話

エサの選り好みをしないメダカですが、それでも好みはあります。
どんなエサが喜ぶのか調べてみましょう。

エサもいろいろ

人工飼料・ドライフード

顆粒フード
ポピュラーなエサ。ひと粒
ずつ食べて水が汚れにくい

パウダーフード
栄養素が高く粉状のため稚
魚でもそのまま食べやすい

ドライフード
メダカが好むイトミミズ、
赤虫などを乾燥させたもの

生エサ

ミジンコ・ゾウリムシ
メダカが喜び栄養価も満点。
管理に手間がかかります

光合成細菌
エサとなる動物性タンパク
質を増やし水質環境も改良

歓喜のモグモグタイム

　メダカのエサに正解はありません。それぞれのエサの良さを理解した上で、使い分けるといいでしょう。何でも美味しそうにパクパクしてくれるメダカですが、とくに食いつきがいいのはミジンコです。ただし、生きエサですので管理が大変です。メダカがエサに飽きることはありませんので、無理のない範囲で食事の時間を楽しみましょう。

エサやりのコツ

エサあげの基本

1日2〜3回、
朝夕が基本

2〜3分で食べきれる
量を与える

食べ残しは水が
汚れるので掃除

不在時のエサ

3日間フード

ミジンコウキクサ

メダカは少しぐらいエサをあげなくても大丈夫
ですが、不在時のエサがあれば安心。屋外なら
グリーンウォーターでも栄養がとれます。

冬眠中のエサ

冬眠中や水温10℃以
下ではエサをほとんど
食べないので不要。

稚魚のエサ

食べやすいパウダー状
のものがオススメ。成
魚のエサをすりつぶ
してもOK。

エサは与えすぎない

　メダカはエサをあげるたびに大
喜びしますが、だからといって与
えすぎは禁物です。消化不良を起
こします。エサの回数に決まりは
ありませんが、1日に1〜2回が理想
で多くても3回まで。水面に浮かべ
て数分で食べ終わる量を与えるよ
うにしましょう。一度に多く与え
ると食べ残して水が汚れます。エ
サをあげる時間帯は朝と夕方が一
般的です。

水換えとお掃除

エサやフン尿で水質が悪化します。コケや微生物の増加で水槽の
見た目も悪くなります。定期的に水換えします。

水換えのやり方

水換えの頻度

春と秋	2週間に一度
夏	なるべく毎週

水換えの量は3分の1までが原則。気温が高
い夏は週に一度が理想ですが、そこまで頻繁
に換えなくても問題はありません

1. 水を用意

一日汲み置きした水か中和剤（カルキ抜
き）を入れた水を用意。水槽と同じ場所
に置いて水温を揃えるようにします。

2. 水槽を掃除する

水槽についたコケを落とします。水草
にゴミがついていないかも確認。掃除
をしたらゴミが底に沈むまで待ちます。

3. 水を3分の1抜く

水交換用のポンプなどで底に溜まって
いるゴミやフンを吸い取りましょう。
抜く水の量は3分の1までにします。

4. 砂利を洗う

砂利はバケツなどに入れて濁りがとれるまで洗う。ソイルの場合は原則水洗い不可。期限がきたら交換します。

5. 飼育容器を洗う

エアレーションやポンプなどについたコケを落としましょう。メラミンスポンジなどを使うと汚れがよく落ちます。

6. 新しい水を入れる

水道水に中和剤を入れてしばらく放置し、バケツの水と温度を合わせます。それからメダカを水槽に戻します。

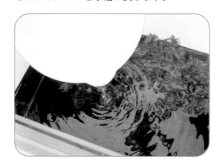

リセットにご用心

　水換えの量は3分の1が原則ですが、水を完全に入れ換えることを「リセット」と言います。リセットによる水質と水温の急激な変化はメダカのストレスになりますので、メダカが病気になったときや水槽の汚れや水質の悪化がひどいときに行います。リセットのときは砂利など洗ってOKな床材であれば洗います。

ラクラク普段のお手入れ

水槽をクリアに

エサの食べ残しやフンを掃除

普段からまめに掃除をしておくと水槽をきれいに保つことができます。マルチスポイトを使えばゴミを吸い上げながら水は循環して戻せるので、砂利などを使った水槽の掃除で重宝します。

チャームスタッフが激推し!?
便利なメダカグッズ

なくても問題はないけど、あったら便利。チャームのスタッフが
実際に使って地味に感激したグッズを紹介。

スドー
浮かべる水温計

水温変化が激しい屋外飼育
なら水温管理は大事。上か
ら一目で確認できて邪魔に
ならないコンパクトさ

テトラ
メダカの水つくり

カルキを抜くだけでなく、
ミネラルやメダカ専用の粘
膜保護成分入り。1本でメ
ダカの健康も守る優れもの

キョーリン
水ごとネット SS

水と一緒に魚をすくうこと
ができ魚の粘膜を傷つけな
い画期的なネット。ひ弱な
稚魚でも安心して使用可

スドー
メダカの浮くネット 大

卵のふ化や稚魚と親の育成
を同じ容器で行える保護ネ
ット。ネットが細目のため
稚魚を傷つけにくい

ミプラス
水槽分割容器
わけぷか

1つの水槽で水を共有しな
がら別々の飼育を可能にす
る容器。場所を増やさずメ
ダカを増やせるアイデア品

ニチドウ めだか膳 メディメダカIGA

メダカの健康維持に主眼をおいて開発された生産者に人気のフード。高たんぱく配合で稚魚にも有効

aquarium fish food series「ff num15」

小さい顆粒なので稚魚から成魚まで使用可能。嗜好性がよく、沈みにくいので食べ残しの回収も簡単

マツモ

暑さ・寒さに強く、水温上昇防止、水質改善、産卵床になる水草。実は浮草なので植える必要もなし

GEX メダカ元気 スポイト

水底の掃除はもちろん、吸い込み口が大きいため卵や稚魚をやさしく移動させるときにも使用できます

水作 プロホースエクストラ

底に溜まったゴミと古い水だけ吸い上げ、砂利はそのままに水換えが可能。魚にもストレスを与えません

柿の葉っぱ 10g メダカ用 隠れ家

実際に落ち葉の下で冬眠するメダカ。寒い時期の屋外飼育でぜひ使いたい。洗浄＆乾燥済みで安心です

化石サンゴ SSサイズ （約10〜15cm）

入れるだけでミネラルを供給し、pHの下降防止にもなるレイアウト用のサンゴ。洗うことで長期間使用可

雨の日でも安心 水位調整マット

一定の水位まで水が増えると毛細管現象により自動的に水を外へ排水。豪雨の心配がある屋外飼育向け

メダカの病気と対処法

メダカも病気にかかります。大切なのは普段から水質をきれいにすること。そして正しい治療法を知ることです。

> メダカがかかる病気

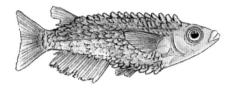

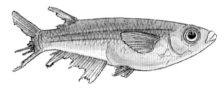

松かさ病（エロモナス病）　　　尾ぐされ病（カラムナリス病）

	松かさ病		尾ぐされ病

症状　全身のウロコが松かさのように逆立つ。体表に出血斑（しゅっけつはん）が現れる

原因　エロモナス・ハイドロフィラという細菌が消化器官に感染して起こる

治し方　隔離してエルバージュエースなどの薬剤での薬浴。完治が難しく再発しやすい

症状　尾びれなどのヒレが充血するか溶けるようにボロボロになる

原因　カラムナリスという細菌に感染して起こる。水が古くなると発症しやすい

治し方　ルバージュエース、グリーンFゴールドなどの黄色の抗菌剤を使った薬浴

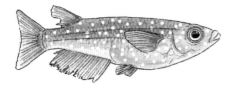

白点病

| 症状 | 体表に細かい白点が出る。体を石などにこすりつける。白点虫は25℃以下で活動が活発に。寒暖差の大きい梅雨時期は要注意 |

| 原因 | 体に白点虫が寄生して発症。急速に拡大する |

| 治し方 | メチレンブルー、マラカイトグリーンなどの青系の色素剤で薬浴。塩素系の魚病薬も有効。白点虫は高温に弱いため水温を30℃まで上げてみる |

水カビ病（綿かぶり病）

| 症状 | 口やエラ付近に白い綿毛のようなものが伸びる。水温が低めの春先に発症しやすい |

| 原因 | 傷口に水カビが付着することで起こる。網ですくった時のスレが原因にも（メダカは網で何度もすくうとすぐに弱ってしまいます） |

| 治し方 | 薬剤は白点病と同様。網でやさしくすくってピンセットでカビを取り除く |

病気には早期治療を

　元気がなさそうなだなと感じるとき、メダカは病気にかかっているかもしれません。細菌やカビなどが原因のこともあれば、小さな傷が原因となることもあります。最初は皮膚に異変が出ることが多いです。違和感を感じたら投薬などを行いましょう。適切な治療を速やかに行うことで改善する可能性が上がります。

病気になりやすい環境

- 水換えを行っていない
- 食べ残しやフンを放置
- 病気のメダカを水槽に入れたまま
- 日当たりの悪い所で飼う

現場レポート
チャームのメダカ飼育法

常に元気なメダカを供給し続けるチャームの
飼育システムに迫ります。

稚魚からしっかり管理しているチャーム。「楊貴妃パンダ」も愛情たっぷりに育てられている模様。

メダカをサポートする最高のチーム

人間が水槽に近づくと水面までやってきてエサを欲しがる。チャームで育ったメダカはとにかく人懐こい。「稚魚のころから毎日声をかけてますから」。そう笑うのは生体部の江田さん。

チャームのメダカがとにかく元気なのは、小さい頃から大きな水槽でのびのびと育てられるから。すくすくと育った稚魚は、成魚になっても健康でいることが多い。

先輩たちから受け継いできた飼育ノウハウの中で、特に大事にされているのが病気のメダカの見分け方だ。

「メダカの様子を見るときは、水槽の下でじっとしている、尾ビレを閉じている、群れから離れている、泳ぎ方が悪いなどの前兆に気をつけています」

メダカの水槽だけで数百あるが、複数のメンバーで愛情を持って見守っているからこそ、できるケアである。

ブリーダーからの仕入れをメインにメダカの育成・販売を行うチャーム。取り扱う品種の多様さも強みだ。

「メダカブームもあって、ここ10年で扱う品種も数倍に増えました」

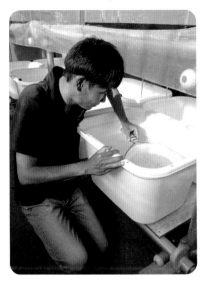

さまざまな品種の稚魚がランダムに入った稚魚ミックスは通販でも大人気。違った個性の稚魚をバランスよく入れて出荷することを心がけているとか。

元気よく育てるために

　多種多様なメダカの個性を大事にしながら、それぞれの個体に合わせた飼育を続けている。人気の品種は楊貴妃や紅帝などの赤いメダカで、最新の品種もよく売れる。

　「新品種には高い値が付きますが、それは希少性ゆえ。値段とメダカの魅力は全く関係がありません」

　健康に育てるポイントは栄養状態をよくすること。そして、水質を維持するためのこまめな水換え。ここでは汲み上げた地下水の掛け流しなので水質はお墨付き。チャーム育ちのメダカは日本全国で今日も元気に泳ぎ続けている。

生体部の江田さん。入社当初はメダカの知識は皆無だったが、飼育するうちにすっかりメダカの虜に。日夜、メダカのより良い飼育法を勉強中。

メダカの課外授業①
メダカの放流はなぜNGなのか？

　メダカが増えすぎてしまって困ったという相談が多く寄せられます。卵を採るのが楽しくて気がついたらあっという間にすごい数になり、対処に困ってしまう。そんなケースが多いようです。

　しかし、育てられなくなった人が困った末に、よかれと思ってメダカを野生に放流する行為は大きな問題です。なぜなら、私たちが接している観賞用メダカのほとんどは、人間の手によって改良されたものだからです。

　野外に改良メダカを放つ行為は、その地域独自に育まれてきたメダカとの交雑が発生するリスクを引き起こします。一度野生のメダカとの交雑が生じてしまったら、元の純系に戻す方法はありません。つまりメダカの遺伝的多様性を破壊しかねないのです。

　また、本来メダカが生息していない場所にメダカが放流されると、元々いた生物と放流されたメダカとの間で競合が起こり、生態系のバランスが崩れてしまう恐れもあります。

　近年ブルーギルをはじめとする外来魚が問題になっていますが、人間の勝手な振る舞いがメダカを悪者にしてしまうかもしれないのです。

泳ぐ宝石 メダカの図鑑

まばゆく光り輝く品種から鮮やかな色彩を見せる品種まで、色とりどりに進化するメダカ。その姿はまさに泳ぐ宝石です。世界一美しいメダカたちの姿を紹介していきます。

※品種名、表現の定義などはあくまで一般的に流通している情報に基づき記載しております。作出手段なども同様に推測を含みます

定番種のメダカ

広く流通していて手に入りやすい定番のメダカたち。
値段も手ごろで最初に飼う時におすすめです。

クロメダカ

入手しやすさ　☆☆☆
飼いやすさ　☆☆☆

メダカの色素細胞は黒、黄、白、虹の4色あり、すべてが揃うクロメダカは改良メダカの原型とも言える品種。野生のメダカと同じ体色でスマートな体型が特徴です

ヒメダカ

入手しやすさ　☆☆☆
飼いやすさ　☆☆☆

江戸時代より前から飼育されていたとされる最古の改良品種。流通量も多く最もポピュラーな存在

白メダカ

入手しやすさ　☆☆☆
飼いやすさ　☆☆☆

黒色と黄色の色素細胞が欠乏
した白体色がとても美しく、
ビオトープでも定番のメダカ
です

青メダカ

入手しやすさ　☆☆☆
飼いやすさ　☆☆☆

黄色の色素細胞を欠く青体色
はグレーがかった独特の青さ。
すべての青系メダカの原型と
も言える品種

幹之（みゆき）

入手しやすさ　☆☆☆
飼いやすさ　☆☆☆

背がシルバーやブルーに光り
輝く人気の品種。驚きの光沢
表現で改良メダカブームの火
付け役に

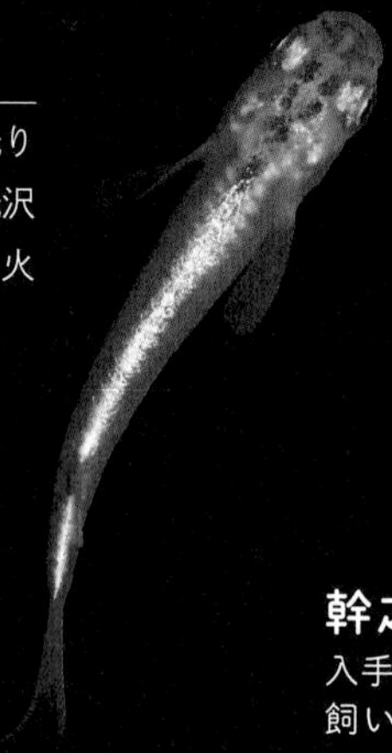

幹之スーパー強光（きょうこう）

入手しやすさ　☆☆☆
飼いやすさ　☆☆☆

背の半分以上に光がのってい
るのを強光、全身にのるのを
スーパー強光と呼ぶように

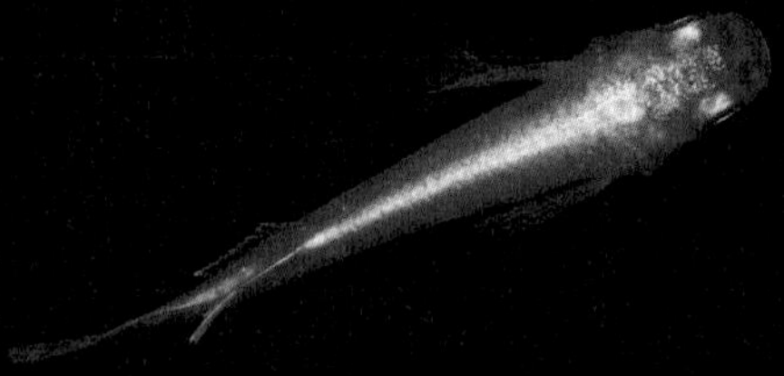

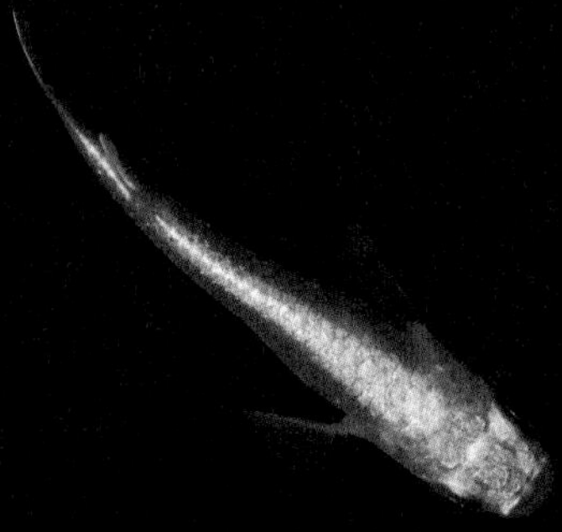

幹之鉄仮面（てっかめん）

入手しやすさ　☆☆☆
飼いやすさ　☆☆☆

幹之は背の光の面積で評価が
変わり、頭の先まで光がのる
鉄仮面は最上級とされていま
す

楊貴妃
<ruby>楊<rt>よう</rt></ruby><ruby>貴<rt>き</rt></ruby><ruby>妃<rt>ひ</rt></ruby>

入手しやすさ　☆☆☆
飼いやすさ　☆☆☆

鮮やかな朱赤の体色で幹之とともに改良メダカブームを起こす。美しさは世界三大美女のごとし

 横見

希少な個性派メダカ

空前のメダカブームが起こった背景には多種多様に進化する
美しい改良メダカの存在がありました。

アルビノ系

色素が欠乏しているため透き通る
ような全身の白さが特徴です。

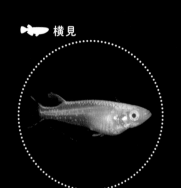

◆ 横見

王妃
（おうひ）
入手しやすさ　☆
飼いやすさ　☆

アルビノと幹之をかけ合わせ
た品種で、そこにさらにラメ
がのっています

アルビノ楊貴妃

入手しやすさ　☆☆
飼いやすさ　☆

透明感のある淡いオレンジの
体色。血管が透け目が赤く見
えるのもアルビノの特徴です

▶▶ 横見

オーロラ系

最大の特徴は半透明の鱗。幻想的
な佇まいはまさにオーロラ。

黄 桜
（きざくら）

入手しやすさ　☆
飼いやすさ　　☆☆

黄色と白のコントラストが目
を惹きます。ラメと半透明鱗
が特徴です

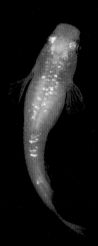

アイスブレイク

入手しやすさ　☆
飼いやすさ　　☆☆

黄色と青色のオーロラ体色に
背中に青ラメが入るのが特徴
的な品種です
生産：桃ちゃんめだか

夜桜

入手しやすさ　☆☆☆
飼いやすさ　　☆☆☆

半透明鱗で表現された桜色の
頭部、黒い胴体に散りばめら
れたラメはまさに夜桜

夜桜ゴールド

入手しやすさ　☆☆
飼いやすさ　　☆☆

夜桜をベースに黄色の範囲を
強めた品種です。煌びやかな
色彩がとても華やかです

夜桜ブルー

入手しやすさ　☆
飼いやすさ　　☆☆

夜桜のラメがブルータイプの
品種です。夜空に輝くような
青い光沢に魅了されます

夜桜三色

入手しやすさ　☆
飼いやすさ　　☆☆

三色と言えば朱赤、黒、白が
一般的ですが、白の代わりに
夜桜特有のピンクを表現

透明鱗・パンダ系

エラ蓋部分の虹色素胞が欠けてエラが透ける透明鱗。目と腹部の虹色素胞を持たず目が黒く内臓が透けるパンダ系。

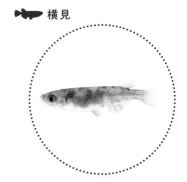

横見

和墨

入手しやすさ　☆
飼いやすさ　☆☆

オロチヒカリ体型に女雛を交配させて作出された斑模様の白黒が美しい品種です

楊貴妃パンダ

入手しやすさ　☆☆
飼いやすさ　☆☆

朱赤体色が美しい楊貴妃の透明鱗タイプ。黒い目と赤く透けた頬が何とも愛らしい

横見

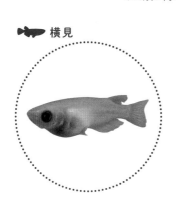

五式 TypeR GOD
入手しやすさ　☆☆
飼いやすさ　　☆☆

五式 TypeR の黒みが強い個体
を累代して生み出された品種。
黒と朱赤のバランスが美しい
生産：桃ちゃんめだか

桜小町
入手しやすさ　☆☆
飼いやすさ　　☆☆

白と朱色のコントラストがき
れいなメダカで、ラメが煌び
やかに表現されています

烏城 三色
うじょうさんしょく
入手しやすさ　☆☆
飼いやすさ　　☆☆

頭部に朱赤が強く入り、黒と
白が調和した体色と透明鱗。
風流さを感じさせるメダカで
す

体外光系

背中に青白い光が発現するメダカ。
「幹之」が起源とされています

サボテン体外光

入手しやすさ　☆☆
飼いやすさ　☆☆

メダカには珍しい緑色の大粒
のラメがびっしりのっていて、
ひときわ美しく輝きます

デーンモルフォ

入手しやすさ　☆
飼いやすさ　☆☆

朱赤（デーンはタイ語で赤）
の体色に青白いヒレが特徴の
品種。ヒレ長とラメの表現も

横見

レッドクリフダーク

入手しやすさ　☆☆
飼いやすさ　　☆☆

有名ブリーダーの垂水政治氏
が作出。琥珀系の体色に大き
なヒレが特徴でヒレ光と体外
光も兼備

ダイアナ妃

入手しやすさ　☆
飼いやすさ　　☆☆

錦鯉を思わせる上品な体色。
紅白のシンプルな色合いの体
外光が反射してきれいです

横見

銀鱗紅玉
<small>ぎんりんこうぎょく</small>

入手しやすさ　☆
飼いやすさ　☆☆

赤・白・黒の三色と体外光が
特徴で、ヒレ先までライトブ
ルーが光り輝いています

生産：桃ちゃんめだか

三色ラメ体外光

入手しやすさ　☆
飼いやすさ　☆☆

三色の体色、ラメ、体外光と
多彩な表現を持ちます。固定
化が難しいと言われています

生産：宮本養魚場

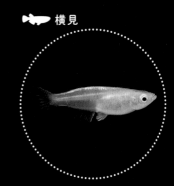

横見

ルビー

入手しやすさ　☆
飼いやすさ　☆☆

背びれがないのが特徴で、宝
石のような体外光を余すこと
なく楽しめます

コブラ

入手しやすさ　☆
飼いやすさ　☆☆

濃い体色にラメ、体外光、ヒ
レ光等の多彩な表現。網目模
様がコブラのようです
生産：花小屋

ラメ系

鱗の1枚1枚に光が発現するのがラメ系の特徴です。

▶ 横見

ロゼ

入手しやすさ　☆
飼いやすさ　☆☆

体はピンク色で半透明の鱗とラメが特徴。松井ヒレ長の形質を持つヒカリ体型です

若草ラメ

入手しやすさ　☆☆
飼いやすさ　☆☆☆

緑がかった黄金体色にラメをのせたメダカは、珍しい若草色の品種です

こうてい
紅帝ラメ

入手しやすさ　☆☆☆
飼いやすさ　　☆☆☆

楊貴妃の朱赤を追求した紅帝
にラメをのせたメダカ。さり
げないラメに気品が漂います

こうか
紅華

入手しやすさ　☆☆
飼いやすさ　　☆☆

紅帝ラメとはなつばさの掛け
合わせで作出された品種。よ
り紅く、より華やかに！

横見

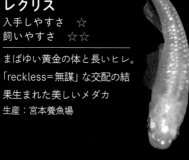

レクリス

入手しやすさ　☆
飼いやすさ　☆☆

まばゆい黄金の体と長いヒレ。
「reckless＝無謀」な交配の結
果生まれた美しいメダカ
生産：宮本養魚場

ユリシス

入手しやすさ　☆
飼いやすさ　☆☆

幸せの象徴として知られるブ
ルーの蝶と同じ名を冠した柿
色体色に青ラメをのせた品種
生産：メダカ屋サバンナ

白ブチサファイア

入手しやすさ 　☆
飼いやすさ 　☆☆

白ブチラメの体色にサファイ
アの青ラメが鮮やかに表現さ
れ、一等星の輝きを放つ
生産：めだか屋うなとろふぁ～む

王華 (おうか)

入手しやすさ 　☆☆
飼いやすさ 　☆☆

体外光の背を覆い尽くす圧倒
的なラメの量とラグジュアリ
ーな質感。まさに王の華
生産：上州めだか

月華 (げっか)

入手しやすさ 　☆☆
飼いやすさ 　☆☆

朱赤、白、黒の三色の背に輝
く青色や白色のラメが夜に輝
く月のような美しさ
生産：上州めだか

体内光・腹膜系

体内に青白い光が発現する体内光と腹膜部に鮮やかな光が発現する腹膜光。透明鱗、半透明鱗（オーロラ）の個体に見られる。

清流きりゅう
入手しやすさ　☆☆
飼いやすさ　☆☆

幹之の透明鱗から作出された品種。体内に黒色素胞がある体外光のため黒色の容器でコントラストが映えます

サバの極み

入手しやすさ　☆☆
飼いやすさ　☆☆

体内に透けて見える黒さと青
みを帯びた背中。その名の通
りサバにも似た独特の色合い

深海

入手しやすさ　☆☆☆
飼いやすさ　☆☆☆

マリンブルーから体外光を除
いた品種と言われ、青く輝く
腹膜が深い海を連想させます。
幹之系統では珍しく白容器で
映えます

ヒレ長・スワロー系

ヒレ全体、あるいはスジ（軟条）
だけが部分的に伸びる品種です。

サタン

入手しやすさ　☆
飼いやすさ　☆☆

黒系メダカの中で最も黒いと
されるオロチの各ヒレが伸長
する品種。目の周りを含め全
身が黒く、まさに漆黒

横見

松井ヒレ長小町
入手しやすさ　☆
飼いやすさ　☆☆

大きいヒレを広げて優雅に泳
ぐ姿はまさに紅白の宝石。ヒ
レ長メダカの傑作とされる

 横見

松井ヒレ長エメラルドフィン
入手しやすさ　☆
飼いやすさ　☆☆

全身の長いヒレという最大の
特徴に加え、網目状にエメラ
ルド色の美しい体外光を放つ
生産：宮本養魚場

彩菊キッシングワイドフィン
いろぎく
入手しやすさ　☆
飼いやすさ　☆☆

伸長したヒレの軟条部分が分
岐し、グアニンが集まること
で白くフサフサした幻想的な
ヒレに
生産：メダカ屋サバンナ

パープル体外光
ヒレ光強光
入手しやすさ　☆
飼いやすさ　☆☆

各ヒレの光が強くなるように
改良を重ねた結果、まばゆい
ばかりの光を放つメダカに

サファイア×パープル体外光
リアルロングフィン
入手しやすさ　☆
飼いやすさ　☆☆

パープル体外光の体色にサフ
ァイアの青いラメがのり、天
の川のような輝きで魅せます

横見

フロマージュ

入手しやすさ　☆☆
飼いやすさ　☆☆

ヒレと体色がチーズケーキを
連想させることから、仏語で
チーズのフロマージュになっ
たとされています

朱光菊美人
（しゅこうぎくびじん）

入手しやすさ　☆
飼いやすさ　☆☆

朱光菊をキッシングワイドフ
ィンに改良。三色の体色と体
外光が美しい品種です
生産：メダカ屋サバンナ

菊銀美人
（きくぎんびじん）

入手しやすさ　☆
飼いやすさ　☆☆

菊銀紅玉をキッシングワイド
フィンに改良。こちらも三色
の体色と体外光が美しいです
生産：メダカ屋サバンナ

松井ヒレ長プラチナダイヤモンド
キッシングワイドフィン

入手しやすさ 　☆
飼いやすさ 　☆☆

ラメの美しさが特徴のプラチ
ナダイヤの中でも特に長く伸
びた尾ビレを持つ品種です

生産：桃ちゃんめだか

➤ 横見

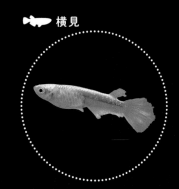

🐟 横見

スーパー銀鱗<ruby>銀鱗<rt>ぎんりん</rt></ruby>

入手しやすさ　☆
飼いやすさ　☆☆

銀色が美しい銀鱗紅玉のダーク系の色を抜いていき、朱赤色が濃い個体を選別していった結果、生まれたそうです

生産：メダカ屋サバンナ

メダカの種類と見方

メダカにはさまざまな種類と見方があります。明確な定義がない場合も
ありますが、代表的な例を解説します。

体型

普通種体型

最もポピュラーなメダカの
体型です。クロメダカやヒ
メダカなど丈夫で飼育しや
すいため、はじめて飼うの
に最適です。

ヒカリ体型

背ビレが通常のメダカより
大きく、腹ビレと同じ形を
しており上下対称に見えま
す。さらに尾ビレがひし形
になっています。

ダルマ体型

背骨が短く、胴体は通常の
メダカの半分程度です。ダ
ルマのようなまん丸な体型
で、背中が大きく盛り上が
っているのも特徴です。

ヒカリダルマ体型

ヒカリとダルマの特徴をあ
わせ持っています。ヒレの
形はヒカリ体型、体長はダ
ルマ体型と普通種の半分程
度の姿をしています。

体色

白系

赤・オレンジ系

青系

黒系

黄系

茶・琥珀系

二色・三色系

形質

体外光

幹之に代表される背側に強い光沢が出る形質で、改良史に大きな変革をもたらしました。

ラメ

体外光の進化系。1枚1枚の鱗片（りんぺん）に虹色素胞が集まることでキラキラと輝いて見えます。透明鱗には発現しません。

オーロラ

普通鱗と透明鱗の中間である半透明鱗＝オーロラが特徴で、透明感のある体色をしています。

ヒレ長・スワロー

ヒレの全体が成長するのがヒレ長、ヒレの一部だけが成長する特徴を持つ個体はスワローと分類されます。

アルビノ

メラニン色素が作れず、体や血管が透けて目が赤く見えるメダカです。体色は白系、ピンク系、黄系、オレンジ系（朱赤系）に限定されます。

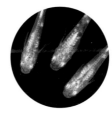

体内光・腹膜系

体内の筋肉組織に蛍光色が見られるのが体内光で、それよりも鮮やかな光を放つメダカは腹膜光と呼ばれます。

透明鱗・パンダ系

透明鱗はエラが透けてエラ蓋が赤く見えます。パンダ系は目と腹が黒く見え内臓や浮き袋まで透けて見えます。

メダカの特徴あれこれ

　ヒメダカから始まったメダカ改良の歴史は長く、現在ではメダカが持つ特徴により細かく分類されるまでになりました。改良メダカの持つ特徴は「表現」と呼ばれています。最初は一部にしか見られない表現を持ったメダカ同士を掛け合わせ、その表現を固定することで、ようやく新しい品種が誕生します。美しいメダカを作り出すため、長い年月と情熱が注がれているのです。

メダカの課外授業②
色素胞とは何か？

多様なカラーバリエーションを持つ美しいメダカたち。体色は、色素胞と呼ばれる細胞が関係します。色素胞の中には色の素となる色素顆粒が詰まっていて、この色素胞や色素顆粒の量と分布が体色や模様を決めています。

メダカの場合、鱗に黒・黄・白・虹の4種類の色素胞があり、体色を黒色、黄色、白色と名前のとおりに見せます。虹色素胞はキラキラしており、銀白色や反射光といった表現が適切かもしれません。

メダカは周囲の色に影響を受けやすい生き物です。自然のメダカは同じ種であっても暮らしている場所によって体色が異なる場合があります。

メダカの体色の変化には2通りあります。1つは「生理学的体色変化」。いわゆる保護色のように、自分の置かれた環境に体色をできるだけ近づけようとするもので、わずか数分のうちに体色を変化させます。わかりやすい例ではメダカを水槽から黒い容器に入れると、黒がより濃く出て、ラメなどは鮮やかになります。

もう1つは「形態学的体色変化」で、長期にわたって同じ環境にいることで、色素胞が変化するものです。飼育している間に購入当初の色彩と異なってきた場合は飼育容器による影響を受けていると考えられます。

4時間目
新品種も夢じゃないメダカの繁殖

繁殖はハードルが高そうと感じられるかもしれませんが、そんなことはありません。繁殖力が強くタフなメダカは、繁殖に挑戦するにはもってこいの生き物とも言えるのです。

繁殖のサイクル

メダカの生態は季節によっておよそのサイクルが決まっています。
冬が終わり気温が上がると繁殖の季節です。

求愛から産卵まで

求愛

お腹に卵を抱えたメスのあとを追いかけるオスは相手の気を惹くように周囲を円を描いて泳ぎます。

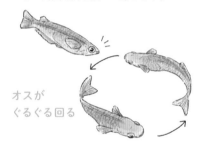

オスが
ぐるぐる回る

交尾

求愛が受け入れられるとオスはメスを抱え込み、体を振るわせてメスの卵に精子を放ちます（受精）。

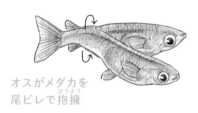

オスがメダカを
尾ビレで抱擁
（ほうよう）

水草に卵を
産みつける

産卵

受精が終わるとメスは5時間ほど泳ぎ回って水草などに卵を産みつけます。

3月	4月	5月	6月	7月	8月
冬眠から覚めて活動開始	4月中旬ぐらいから産卵開始				
		産卵から10〜14日間ぐらいでふ化		ふ化から約1ヶ月で稚魚に	稚魚から約2ヶ月で成魚に

卵から成魚へ

卵の成長

8日目ころから中で動いているのがわかります。20度以上の水温を維持すると2週間程度でふ化。

ふ化

生まれたばかりの稚魚は、親などが食べてしまわないように成魚と隔離しましょう。

水温20℃なら
約2週間で

生まれたては
約3mm！

生後3ヶ月で
繁殖可能に

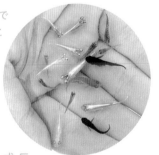

稚魚の成長

日当たりの良い場所において、稚魚用フードか親にあげる餌を細かく潰したものを与えます。

繁殖こそ飼育の醍醐味

産卵時期のメダカは、気がつけば毎日のように卵を産んでいきます。卵は2週間ほどでふ化して、稚魚から成魚になるまでのサイクルも2ヶ月足らずと早いです。1日1日の変化を見逃さず、毎日の観察をぜひ楽しんでください。小さくてもたくましいメダカの命が懸命に受け継がれていく姿はとても感動的です。

9月	10月	11月	12月	1月	2月
		産卵終了	冬眠を始める		

繁殖と交配

日照時間が長くなり気温が上がる春以降に繁殖が活発になります。

繁殖の基本

屋内でも繁殖は可能

メダカは日光による明るさで日夜を判断しているとされています。屋外では自然に繁殖するメダカですが、室内では日当たりの良い部屋でも日光が不足しがちになります。水槽用のライトとヒーターを使えば、冬でも産卵が可能になります。

繁殖の条件

- 日照時間が1日13〜14時間
- 水温20℃以上
- キレイな水を保つ
- 栄養状態が良く体力がある

産卵数

- 1年間で70回産卵することも
- 1回につき5〜30個の卵を産卵

繁殖の準備

春先から活発に繁殖

春先からメダカは活発に繁殖します。繁殖をするためには稚魚用の容器を用意しましょう。メダカは口に入る大きさであれば成魚が稚魚を食べてしまうこともあります。体長が1cmを超えるまでは隔離して育てるようにしてください。

ふ化用の
水槽を用意

日当たりが良い場所は稚魚の生育にいいのですが、水温が30℃以上にならないよう注意しましょう

交配のコツ

オス1：メス3の 割合が繁殖しやすい

オスよりメスをやや多くすると、オスにとって相性のいいメスが見つかりやすくなり交配が進みます。

メダカの生活リズム を整える

早朝に産卵を行うため、屋内ではタイマーで照明時間を管理したり、夜は囲いを作るなどして生活リズムを整えます。

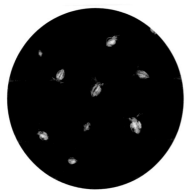

栄養と体力をつける

産卵は体力勝負です。与えすぎに注意して充分にエサをやります。ミジンコなどの生き餌は栄養満点。

増えすぎても 放流は絶対にNG

　オスとメスを一緒の水槽に入れたからといって必ずしも繁殖するわけではありません。効率よく繁殖するにはオスとメスの比率も大事です。オスのメダカはなわばり意識があり、別のオスが水槽に入ると攻撃することもあります。産卵時期は毎日のように産卵するので増えすぎに注意しましょう。一度飼ったメダカの放流は絶対にやってはいけません。

産卵と採卵

産卵した卵がふ化しないことがあります。しっかり人の手で
管理してあげましょう。

産卵場所

水草
ホテイ草などの水草は絶好
の産卵場所になります。水
質を浄化する作用も。

産卵床
卵を産み付けやすい材質と
形状で、そのまま取り出し
て別容器に移せます。

シュロ
丈夫で扱いやすい天然素材。
卵が付着している様子が確
認しやすい利点も。

たくさん産卵させたいとき

亜硝酸塩とアンモニア濃度を下げる

アンモニア吸着材
チャームでも使用してい
る鉱物系アンモニア吸着
材で効果はテキメンです。

カキガラ
ミネラルが溶け出すだけ
でなく、水質が酸性に傾
き過ぎるのを防ぎます。

ゼオライト
イオン交換作用により水
を軟水化し、水質(pH)を
安定させる働きをします。

たくさん産卵させたい場
合は、飼育水に含まれる
亜硝酸塩とアンモニアの
濃度を下げて水質を維持
します。まずはメダカの
フンをすぐに取り除き、
定期的に水換えを行うと
いいでしょう。

採卵のコツ

産卵したら卵は親メダカと分ける

育成セットで隔離

親メダカの水槽の中に別の容器を浮かべ育成します。温度や水質管理が簡単です。

別の容器に移す

別の容器で飼育すると観察が容易になります。産卵床ごと入れてもいいでしょう。

p32の
水槽分割容器も
おすすめ

カビが生えた卵に注意

無精卵が原因の場合も…

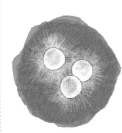

卵がかえらない時は無精卵の可能性があります。また水カビが原因で死んでしまうことも。あえてカルキの入った水道水で卵を洗ったり（ふ化直前は避ける）、専用の薬剤を使ってもいいでしょう。

デリケートな卵の管理をしっかりと

産卵はメダカの仕事ですが、そのあとの採卵は人間の仕事です。そのまま水中に卵を放置すると親メダカに食べられてしまうからです。卵を見つけたらガーゼなどの上で転がし、ゴミをとって綺麗にしてあげましょう。ゴミが付着したままだと雑菌が増殖する大きな原因となります。卵を管理して、観察を楽しみましょう。

ふ化と稚魚

生後から2週間のメダカは「針子」と呼ばれ、メダカ飼育の
最大の難関とされています。

ふ化までの日数

10日～2週間でふ化

卵の大きさは直径1～1.5mm。観
察にはルーペの使用がオススメ。

積算温度250℃がふ化の目安

250 ÷ 水温 ＝ 日数

例）水温が20℃なら約2週間でふ化
　　水温が25℃なら10日前後でふ化

卵の観察
1日目：泡のような「油てき（油球）」が集まる
3日目：目のようなものが見えてくる
6日目：心臓の動きや血液の流れがはっきりする
8日目：卵の中でときどき動いている
10日目前後：ふ化が始まる

ふ化までの日数

ふ化から2週間が勝負

デリケートな稚魚はちょっとした
ことで死んでしまいます。

ふ化～3日	・大きさは3mm程度 ・エサは食べない ・うまく泳げず水底で暮らす
ふ化～14日	・目に見える大きさに ・水面に上がってくる ・エサは粉末状のものをこまめにやる
ふ化～1ヶ月	・大きさ約1cm ・魚っぽくなってくる

親子の再会

ふ化から1ヶ月半で成魚と同じ水槽に

すっかり魚っぽい姿に

生後ひと月も経つと親メダカには及ばないものの魚っぽい体になります。水槽を堂々と泳ぎ回る姿を見ることができます。

エサも成魚と同じでOK

親と同じ水槽に移したら親と同じエサで問題ありません。エサを小さく潰さなくても喜んで食べてくれるようになります。

子どもの成長を見守る喜び

ふ化したばかりの稚魚の姿を見るのはまるで我が子を見ているような気持ちになります。時に大人メダカに追いかけられハラハラしたり、あるいはエサをきちんと食べられるか不安になることもありますが、気がつけば水槽や鉢の中でたくましく生きていることでしょう。季節が変わるころには子どもだと思っていたメダカは立派な大人へと成長しているのです。

稚魚を育てるオキテ三か条

一、最初は親と別の水槽で育てる

二、エサは少量をこまめに与える

三、成魚の口に入らないぐらい大きくなったら同じ水槽に

遺伝の基本と品種改良

メダカ飼育の醍醐味は品種改良という人も多くいます。何度か繁殖に成功したら、オリジナル品種づくりも夢ではありません。品種改良に必要なのは知識（メンデルの法則）と観察力、根気です。

遺伝の法則

： ［メンデルの法則］優性と分離の法則 ：

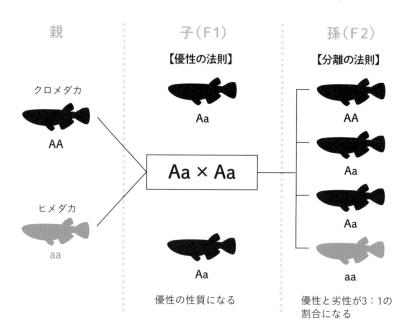

品種改良は非常に奥の深い世界

形質の異なるメダカが交配すると子（F1世代）には優性（顕性）形質が現れ、劣性（潜性）形質は潜在します。これを「優性の法則」と言います。そしてF1同士を交配させた場合の孫（F2世代）では4分の1の確率で劣勢形質が現れます。これが「分離の法則」です。これにより親メダカの特徴から生まれてくる子どもの特徴をある程度予想することができます。

改良メダカの作り方

親メダカが持っている形質は、必ずしも子メダカ（F1）に現れることはありません。それでも、一部にはF1から現れる形質（顕性形質）もあります。すぐに結果を出したい場合、F1から現れる形質から選んでみると良いでしょう。

F1から現れる形質

- ・透明鱗
- ・体外光
- ・体内光
- ・ラメ
- ・松井ヒレ長
- ・リアルロングフィン
- ・ヒレ光（モルフォ）

体色や形質の組み合わせによって相性の悪いものもあります（紅白や斑、ヒカリ体型は除いています）。

相性の悪い基本品種と形質

黒メダカ × 体内光	
白メダカ × 特になし	
青メダカ × 特になし	
ヒメダカ × 体外光、体内光、ラメ	

相性の悪い形質と体色

透明鱗 × ラメ

透明鱗 × 半透明鱗

半透明鱗（オーロラ）× パンダ（透明鱗のため）

体外光 × 黄体色、茶体色、黄金体色、琥珀体

体内光 × 黄体色、茶体色、ブラック体色、黄金体色、琥珀体色、朱赤体色

ヒレの変化 × ヒレの変化（※）

※ ロングフィン×スワロー、モルフォ×ヒレ長などは相性が悪いといわれています。

⋯ 必ず実行したい！品種改良における大事なポイント ⋯

親メダカの組み合わせは必ずメモに残しておく
交配はオスとメス1匹ずつの1ペアで行うようにします。

容器はたくさん用意しておく
ペアごとに容器が必要になります。

大切なのは固定率

　固定率とは親と同じ特徴を持った子どもが生まれる確率のこと。たとえば、子供が4匹生まれ、そのうち3匹に親の特徴が遺伝していたら固定率75％です。幹之に代表される固定率が高い品種は広く流通し、定番となることが多いですが、固定率が低いメダカは希少価値が高くなります。形質が少ない品種は固定率が高く、形質が多い品種は固定率が低くなる傾向にあるようです。

繁殖にいい環境づくり

繁殖にいいとされる環境は屋外でのグリーンウォーターです。
一度作ってしまえば管理の手間要らずで、メダカも喜びます。

グリーンウォーターの使い方

グリーンウォーターとは？

グリーンウォーターとは、植物性プランクトンが大量に繁殖した状態の飼育水を指します。金魚やメダカ飼育のベテランの間では「青水」という別名のほうが一般的ですね。「アオコ」とも呼ばれ、非意図的に発生した場合は敬遠されることもあります。このアオコは、たびたび池で問題になる藍藻類の大量発生現象の「アオコ」とは別物です。

メリット

- ・金魚やメダカの稚魚育成に最適な飼育水
- ・ミジンコ培養用の飼育水としても◎
- ・赤系発色の色揚げ効果にも優れる
- ・二枚貝、特にシジミ類の育成にも有用
  （ドブガイなどには不向き）

デメリット

- ・屋内水槽では観賞性が悪くなる
- ・効果が見られるまで少し時間がかかる
- ・濃度が濃すぎると酸欠を引き起こす

使い方と管理

屋外に置いた容器にカルキを抜いた水を適量張り、グリーンウォーターを入れるだけ。これ以外にすることはほとんどありません。植物プランクトンとそれをエサにする動物プランクトンが稚魚にとって非常に栄養価の高いエサになります。

入れるだけ！
1Lあたり4～5ml
程度が目安

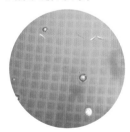

水換えで薄くなっても日光を当てれば植物プランクトンが増殖して濃くなります

これぐらいの濃さが理想。濃くなり過ぎたらカルキ抜きした水を追加して薄める

グリーンウォーターの注意点

手間がかからないとはいえ完全放置は厳禁。注意しなければならない点はいくつかあります。

注意点1　酸欠

植物プランクトンが増えすぎて濃くなりすぎたグリーンウォーターは酸欠の原因に。その状態を放置すると夜間に酸欠で稚魚が全滅することも。

注意点2　水質悪化

急激に気温が上がると植物プラクトンが急増して酸欠状態になります。気温が下がったり、大量の雨水が入った場合も水質が悪化する傾向あり。

注意点3　水温上昇

プランクトンなどを大量に含んでいるため、普通の水に比べて水温が上昇しやすい傾向があります。同じ場所に置いた水槽でも温度に注意しよう

グリーンウォーター対策

放置したままだと逆に環境を悪化させてしまうグリーンウォーター。上手な対策とは？

対策1　日陰づくり

一番簡単な対策はすだれなどで日陰を作ること。植物プランクトンの増加の要因は太陽光。日光を遮ると水温の上昇も避けられます。し

かし、メダカの生育に日光は欠かせませんから、適度に日差しが入る工夫を。よしずを乗せると冬場の凍結防止にもなります。

対策2　水草を入れる

水草はグリーンウォーターに必要な栄養素を吸収してくれるので、きれいなままの水を維持できます。またホテイ草をはじめとする浮

草は適度に日光を遮るので、水槽や鉢の水温上昇を防いでくれます。水草を入れることで景観も良くなりますし一石三鳥なのです。

対策3　タニシを入れる

雑食性の巻き貝であるタニシは水槽内のゴミや苔などを食べてくれるありがたい生き物です。エラで水を濾過しながら水中に含まれる

プランクトンを食べるため、水質がきれいになります。また壁面に生えた苔も食べてくれるので、水槽や鉢の水質維持に役立ちます。

万能の魔法水は毒にもなる？

　グリーンウォーターは万能の魔法水のようですが、使い方次第でメダカの毒にもなります。もし濃くなりすぎてしまったら、水換えやタニシやシジミで対策すると良いでしょう。メダカにとって心地よい環境を維持できるよう薄い緑色を目指しましょう。

日本メダカ改良史

多種多様なメダカはいつ登場したのか？ 進化の系譜は壮大な絵巻物のようです。改良メダカの歴史を振り返ります。

※メダカ各品種の「登場時期」はチャームでの取り扱い開始時期を指すことがあります。そのため一部品種は記載の年より前に登場していることがあります。

2003年以前　基本品種のみの時代

観賞用のメダカとしてはヒメダカが古くから知られていました。ヒメダカは最古の改良メダカであり、源流とも言える品種です。1990年代までは、メダカと言えばヒメダカかクロメダカを指していました。

最古の改良メダカ ヒメダカ登場

ヒメダカは緋色を目指して改良されたことから、その名が付いたとされています。最も安価で入手しやすいポピュラーな品種で、小学校の理科の学習教材として親しんだ方も多いことでしょう。

黄色みを帯びた体色が優しげなヒメダカ

白メダカ、 青メダカの登場

2000年代に入ってから白メダカ、青メダカが登場し、改良メダカの先駆け的存在に。真っ白な白メダカはビオトープに泳がせるメダカとしても人気を博しました。青というよりはグレーが強い青メダカですが、青系品種の改良の歴史はここから始まったのです。

白メダカ（上）と青メダカ（下）

2004～2007年　楊貴妃登場でメダカブーム到来

この時代に楊貴妃が登場。ヒカリ、ダルマといった形態変化が見られる品種が登場したのもこの時代で積極的に改良が進められました。

改良ブームの火付け役は楊貴妃

メダカブームの火付け役となった楊貴妃が2004年に登場。従来のヒメダカに比べ圧倒的に鮮やかな色彩を持ち、多くの愛好家を魅了しました。当時、最先端の品種として大きな話題を呼び、現在に続く改良メダカブームの第一波を起こしたと言えるほどのインパクトを残しました。近年は入門用という位置づけになりましたが、その人気は今もなお変わりません。

改良メダカの世界に革命をもたらした楊貴妃

一世を風靡するアルビノ、琥珀の登場

当時、楊貴妃と並んで注目を浴びていた品種がアルビノと琥珀です。アルビノは長い間、「いそうでいない」希少な位置づけにありましたが、2004年頃からまとまった数での流通が見られるようになりました。

琥珀はその名の通り、琥珀色の色彩が人気を博しました。この頃に琥珀系の尾ビレに入る黄色い色彩が着目され始め、その後尾ビレの色彩が美しい品種への改良のきっかけになりました。アルビノと琥珀、それぞれの表現を受け継いだ品種が現在でも続々登場しています。

黒の色素がなく目が赤いアルビノ

独特の色彩が人気を博した琥珀

変化する体型「ダルマ系」「ヒカリ系」が登場

色彩の変化だけでなく、体型の変化が固定化されたのもこの時代です。主に「ダルマ系」「ヒカリ系」の2つが登場しました。ヒカリは腹ビレが背中にくる形に体型を改良した品種で、上から見ると光沢が強い点が特徴です。ダルマは縮こまった体型をしています。ダ

ルマは水温によって普通体型との中間形も出現し、こちらは半ダルマと呼ばれています。熱帯魚で言う「ショートボディ」や「バルーン」タイプの改良品種です。後にヒカリとダルマの複合系も登場し、ヒカリダルマメダカとして珍重されました。

ヒカリメダカ

ダルマメダカ

半ダルマメダカ

ヒカリダルマメダカ

2007年　改良メダカの価値観を変えたスター品種

改良メダカの価値観を大きく変えた幹之。不可能とされていた発色を体現した革命児はこの年に登場します。

幹之が変えた改良メダカの常識

幹之が登場するまで光沢を持つメダカはヒカリメダカが一般的でした。ところが、幹之メダカは普通体型で見事な光沢を表現しています。それまでは不可能と考えられていた表現が誕生したのです。その光沢はのちに「体外光」と呼ばれ、さまざまな品種に取り入れ

られます。

ただし、初期の幹之は現在ほど光沢が強くありませんでした。また、当時の幹之の表現は青または白系の品種にしか遺伝させることができなかったため、黒や赤系にも遺伝できるという点で、ヒカリメダカの人気も衰えませんでした。

幹之は上から見るのが基本とされています

現在でも改良メダカの人気品種筆頭格の幹之

2009〜2011年　ヒカリ、ダルマ全盛期

楊貴妃と幹之という普通体型の二大品種が興隆を極める一方、ヒカリやダルマといった体型に変化が見られる品種の改良が盛んに進められていました。この時代はヒカリ系、ダルマ系メダカの全盛期といえ、ヒカリとダルマの複合系も多く見られました。通常のメダカより尾ビレが大きくなるヒカリ系は、「銀河」など尾ビレの色彩が目立つ品種と相性が良いとされました。

この時代に流行したメダカ

銀河

クリアブラウン
ヒカリ

アルビノヒカリ

黄金ダルマ

アルビノダルマ

楊貴妃ダルマ

楊貴妃サムライ
メダカ

琥珀スモールアイ
メダカ

出目メダカ

マリンブルー

形状に変化をつけた品種が多く登場

　ヒカリ系の銀河メダカは体色と尾ビレの色彩にメリハリをつける形で改良が進められました。元は青メダカがベースとなったようですが、黄色の色彩が加わり神秘的な体色を表現。現在も人気の品種の一つです。

　出目メダカが登場したのもこの時代。それまで形状の変化といえばヒカリとダルマが中心でしたが、それ以外の形態も見られるように。ただし、2012年以降は改良のトレンドが体型の変化よりも体色の変化に力を入れる方向性にシフトしたようで、形状に変化のある品種はだんだんと少なくなっていきました。

　楊貴妃サムライメダカはヒカリメダカの派生系品種です。なかでも、背ビレが2本にわかれる系統は「サムライ」と呼ばれ注目を集めました。ヒカリメダカ系の中では流通が少なく、珍しい系統とされます。

　琥珀スモールアイメダカは目が小さくなる方向で改良が進められた品種です。このタイプは「男前メダカ」「点目メダカ」とも呼ばれ、当時は最高クラスの高級品種でした。

　この年には体内光の表現も出現したと言われています。他にも、「目前メダカ（ポニョメダカ）」など、体や顔つきの形状に改良が加えられることが多かった時代でした。

2012年　改良が進む一方、種が細分化

2011年までは体型の変化に力が入れられていましたが、2012年頃から体色の変化がトレンドになったようです。

この時代に流行したメダカ

幹之パンダ

福三景

スーパーブラック

琥珀錦透明鱗

キタノメダカ

透明鱗系の品種が充実

2012年は黒系メダカの登場や透明鱗系の品種の登場が見られました。

さらにこの年はメダカの分類に大きなニュースがありました。それまで「メダカ」と呼ばれていた魚に実は2種含まれていたことがこの年に判明したのです

日本海側の一部地域に住むメダカは「キタノ

メダカ」として細分化され、残ったメダカは「ミナミメダカ」として整理されました。その結果、「メダカ」という標準和名は2012に消滅したのです。

現在の改良メダカはミナミメダカがベースとなっています。

ラメが出現

小川ブラックといった黒系の人気品種やラメなど幹之の派生系となる表現が登場。幹之とヒカリ体型の組み合わせ「螺鈿光」などもこの時代に作出されました。特にラメはさまざまな体色と相性が良いようで、以後多くの品種に取り入れられました。

この時代に流行したメダカ

小川ブラック

体内光幹之

ラメ幹之

螺鈿光

2014年　ハイグレード化する幹之

高い人気を誇る幹之は流通量の増加に伴ってクオリティも上がってきました。「強光」や「鉄仮面」といった、ハイグレードな幹之の個体が流通するようになったのも2014年前後のこと。メダカの愛好家の間で、広く「グレード」の概念が知られるようになった年とも言えるでしょう。

この時代に流行したメダカ

幹之（鉄仮面）

朱赤透明鱗

黒ラメ黄幹之

鳳凰

幹之メダカのグレード

鉄仮面
スーパー強光
弱光

スーパー強光

上に行くほどグレードが高いとされます。他にもスーパー強光相当のものをフルボディと呼んだり、弱光と強光の中間形を中光と呼ぶこともあります。

2015年　ラメ系の品種が多く誕生

全身白の発色に数多くのラメが散りばめられたダイヤモンドダストをはじめ、ラメ系の品種が数多く登場したのがこの時代です。
魔王メダカといった変色系の品種も登場。およそこの年あたりから、多種多様な表現型が続々生み出されるようになったものと思われます。

この時代に流行したメダカ

ダイヤモンドダスト

魔王

天河

すみれ

深海

三色も登場

三色メダカが登場。まるで錦鯉のような色彩は注目を集め、さまざまな生産元で三色系品種が作出されるように。それぞれの系統で重視する発色が異なり、系統ごとに「〇〇三色」という名前で販売されることが多いです。

安芸三色

2016年　三色の表現が多様化

前年に登場した三色の表現は、ラメや透明鱗などを取り入れ多様化を見せました。他には各ヒレが伸長する「スワロー」と呼ばれる表現も注目を集めます。スワロー系グッピーのような表現がメダカでも可能になるのであれば、ダルマやヒカリ以上の表現も可能になるのではないかと、当時、愛好会の間に衝撃を与えた表現です。

この時代に流行したメダカ

三色ラメ幹之

朱赤透明鱗三色

ブルースターダスト

百式

オレンジラメ

幹之スワロー

天女の舞

スワロー表現の衝撃
スワロー・グッピー（写真）のような表現がメダカでも可能になるのか？　とメダカ界が騒然。

ブルーグラス・スワロー・グッピー

2017年　オーロラ系品種が台頭

夜桜をはじめとしたオーロラ品種が台頭したのがこの時代です。また、この年チャームではメダカだけで少なくとも延べ100商品以上、取り扱いが開始になりました。

この時代に流行したメダカ

オーロラ幹之

オーロラオレンジ

夜桜

平成三色

松井ヒレ長幹之

松井ヒレ長黒幹之

女雛

宝鱗無双

雲州三色

五色TypeR

夜桜の登場

「オーロラ」と呼ばれる不安定な表現が導入され、色彩にさらなる多様化が見られたのがこの時代です。なかでも「夜桜」系の品種は一躍注目を集めました。

現在でも夜桜をベースにした派生品種は続々と作出されています。

夜桜のバリエーション。オーロラ系品種は個体差が大きいことで知られます。

松井ヒレ長

松井ヒレ長が登場

ロングフィン系統として新しく「松井ヒレ長」が登場したのもこの時代です。ヒレの一部が伸長するスワローと異なり、松井ヒレ長はヒレ全体が大きく伸長するのが特徴。上見でも横見でも見栄えの良い品種で、一躍人気になりました。

2018年　ロングフィン全盛期

2017年に登場した松井ヒレ長をベースに、スワローも合わせると数々のロングフィン系品種が世に生み出されたのがこの時代です。中でもアルビノを導入した「龍の瞳」は象徴的な品種と言えるでしょう。

上見でも横見でも繊細で美しい「龍の瞳」。アルビノ、幹之、松井ヒレ長を同時に持ち合わせることで実現。

この時代に流行したメダカ

松井ヒレ長紅帝

松井ヒレ長星河

ラメ幹之スワロー

黒ラメ幹之スワロー

非透明鱗三色

青蝶

ブラックダイヤ

独創性の強い体色も続々開発される

　三色系メダカも発展を遂げ、雲州三色や非透明鱗三色もこの時代に誕生しました。

　独創性の強い体色も続々開発されており、ブラックリムと呼ばれる黒くフチどられた鱗と赤いヒレの色彩が対照的な「五色」などの人気品種もここで誕生しています。

　この年チャームではメダカだけで少なくとも延べ200商品弱を取り扱い始めました。

2019年　人気品種の掛け合わせが流行

2018年までに登場した数々の人気品種を掛け合わせ、その結果誕生した品種がこの年に多く出回りました。とりわけ夜桜や三色、松井ヒレ長、深海などからの派生が多く見られます。

この時代に流行したメダカ

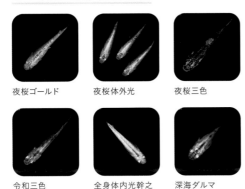

夜桜ゴールド　　　夜桜体外光　　　　夜桜三色

令和三色　　　　　全身体内光幹之　　深海ダルマ

2020年　特殊品種の多様化が進む

サファイアや忘却の翼を筆頭に既存の品種の派生としては、ひとひねりある表現が多く見られるようになりました。各々の品種名もより凝った名称が付けられる傾向になってきました。
この年はコロナ禍ではありましたが、チャームではメダカだけで少なくとも延べ300商品以上を取り扱い始めました。それぐらい多様性が見られた年になります。

この時代に流行したメダカ

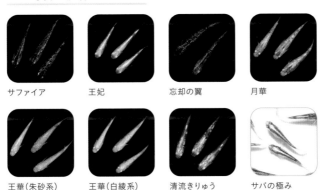

サファイア　　　　王妃　　　　　　　忘却の翼　　　　　月華

王華(朱砂系)　　　王華(白綾系)　　　清流きりゅう　　　サバの極み

サファイアの登場

青ラメが魅力的な「サファイア」は登場以来、一躍話題になった品種です。サファイアには背ビレありのものとなしのものが知られます。上見での青く輝くラメの観賞性は、背ビレなしの方が良いでしょう。

一方で、背ビレありのほうが系統の維持や、他品種への交配には扱いやすいようです。

背のラメが青く輝く特徴を持つサファイアの背ビレなし。

ダルマメダカ人気の再燃

一時期人気が下火になっていたダルマメダカですが、2019年頃から徐々に人気が再燃したようです。2020年には他の品種の表現を取り入れることで多様な表現を見せてくれました。

流星ダルマ

2021年　定番種の需要が高まる

2021年は巣ごもり需要によるものなのか、メダカ自体の流通は加速。ポピュラー種に人気が集中していました。2020年ほどの勢いはないようでしたが、品種改良も着実に進められていたようです。

この時代に流行したメダカ

モルフォ

ブラックモルフォ亜種（※）

ユリシス

レクリス

※「亜種」とつきますが分類学上の亜種ではなく品種名となります。

2022年　広がるラメの可能性

サファイアメダカに端を発した「青ラメ」のように、ラメの色に個性を持たせる改良が進められた年でした。夜桜の派生系となる「宮桜」「彩桜」、それまであまり見られなかった緑の発色を強調した「サボテン」なども話題になりました。

この時代に流行したメダカ

宮桜

彩桜

サボテン

松井ヒレ長サファイア

2023年　ピンク体色の復活

2023年のキーワードは「復活」と言えるかもしれません。かつて栄華を誇った品種の人気が再燃した年だったからです。

この時代に流行したメダカ

フロマージュ

ミッドナイトフリル

デーンモルフォ

マリアージュ
キッシングワイド
フィンエメラルド
フィンタイプ

和墨

紅華キッシング
ワイドフィン

ブルームーン

ピンク体色が復活

2023年のトレンドは何と言ってもピンク体色の復活です。ピンク色の体色に加え、ヒレが朱赤に近い色をしてるのが特徴です。代表的な品種はピンクサファイアやさくら、ロゼなどです。ひと昔前はよく流通していたのですが、その後、流通量が激減。最近になってまた復活し始めました。

淡いピンク体色のロゼ

フサヒレ系人気が爆発

この年、一番増えた印象があったのは「フサヒレ系」とも呼ばれる全体的に「ヒレ」に変化を持たせた品種です。フロマージュ、ミッドナイトフリル、レッドクリフ、インフィニティモルフォなどが人気で活況を呈していました。なかでもマリアージュキッシングワイドフィンメダカ エメラルドフィンタイプ（通称エメキン）は相変わらずトップクラスの人気を誇っています。

高い人気を誇る
"エメキン"

多様化するカラーアイ

そのほかの傾向としては、目の色に特徴を持つカラーアイの多様化が進み、複数の色が混じり合い目が地球のように見えることから名づけられたと言われるアースアイ系の品種が増えた印象です。まだまだ増えていきそうな勢いを感じます。また五式の人気も再び高まっているようです。

毎年どころか毎月のように新しい表現が生まれるメダカ。2024年以降はどんな新品種が登場するのか、そしてどんなトレンドが巻き起こるのか。注目していきましょう。

青色の瞳が幻想的な
ブルーアイ

メダカの課外授業③
ミジンコはどうやって殖やす？

　メダカを飼育している方に一度は試していただきたいのがミジンコです。メダカのエサとしてミジンコが優れている点はいくつかあります。たとえば、メダカのいる水槽にミジンコを入れれば、常に給餌できる状態（自由給餌）なので、親メダカの栄養状態を高めると同時に繁殖モードを維持できます。また生き餌のため、水槽の水を汚しづらいというメリットもあります。ミジンコを入れると親も稚魚も勢いよく反応し、乾燥餌にはない食いつきを見せてくれます。

　メダカのエサとしていいことづくめのミジンコですが、頻繁に購入するのは金銭的な負担が大きくなります。そこで、繁殖させることができれば負担は軽減されます。

　ミジンコを殖やすためのアイテムは大きく分けて4種類あります。ミジンコ培養専用飼料（ムックリワーク）、グリーンウォーター（青水）、クロレラ、鶏ふんのいずれかを使いましょう。

　まずはトロ舟やバケツを用意し、カルキを抜いた水を入れます。種親となるミジンコと、上記アイテムのうちいずれかを投入します。屋外で使用するならムックリワーク、鶏ふん。室内だったらグリーンウォーターやクロレラがおすすめです。グリーンウォーターは濃すぎると酸欠を起こしてしまいます。また、クロレラは沈殿するのでエアレーションが必要です。

　どの培養方法も水温が重要です。最低でも20℃以上が必要なので、4月〜10月が培養に最適な時期といえます。30℃を超えると弱るので、涼しい場所で管理しましょう。

5時間目

メダカを愛でる
素敵なレイアウト

メダカが喜び、眺めても美しいレイアウトを作れば、あなたのメダカライフはより一層楽しいものになるはずです。懸命に生きる小さな家族を心ゆくまで愛でてあげてください。

メダカリウムの世界

小さくて美しく、多彩なメダカを観賞するアクアリウムは、水槽はもちろん、鉢やボトルなどいろいろな器で楽しめます。自宅やお庭に "メダカリウム" の世界が広がります。

アクアリムとは？

自宅で水中を再現しよう

アクアリウムとは魚を飼育して楽しむ水槽を意味します。観賞魚は透明な水槽で楽しむことが多いのですが、メダカは鉢やバケツなど、どんな容器でも楽しめるのが特徴です。砂や水草などを使って自然に近い環境を用意し、メダカが楽しく快適に過ごせる環境を作ってあげましょう。

広がるアクアリウムの世界

小さな容器で愛でる

メダカ鉢
手入れのしやすさは鉢の大きさと重さによります。最初は手軽に持ち運べ掃除しやすいサイズがオススメ。

ボトル
最近人気のボトルアクアリウムはインテリア性が高く、日常生活のアクセントになることでしょう。

ビン
大きめの空き瓶に砂利と水草を入れるだけで立派なアクアリウムに。小さなメダカならではの楽しみ方です。

ボウル
ボウルはテーブルの上にも置けてインテリアとしても魅力的。上から覗くとそこはまるで小さな池のよう？

水槽で愛でる

室内飼育で最もポピュラーなのが水槽です。選べるサイズも幅広いです。横からも上からも観賞でき、水の中を泳ぎ回るメダカと美しい水草のコントラストは自分だけの宝石箱です。

大きめの器で愛でる

自由に泳ぎ回るメダカを楽しめます。陶器は水草と調和するのでビオトープにも最適です。黒い容器はメダカの発色を強く、鮮やかにするものとして定番です。

メダカと相性のいい水草

ホテイアオイ
根がメダカの産卵床や隠れ家として最適。強光が必要なため屋外飼育向き。

アマゾンフロッグビット
多年生の浮草で水面を泳ぐような魚や稚魚の絶好の隠れ場所になります。

サルビニア ククラータ
フードのような形をした浮草。小さいながらも密集するので産卵床にも。

アナカリス
透き通る緑が美しい水草。繁殖力が非常に強く、よく茂るので隠れ家にも。

マツモ
アナカリスと同様、丈夫で水質浄化作用に優れ、産卵床にも最適。

カボンバ
マツモよりフサフサ感が強く観賞性◎。根がないと枯れるので植えます。

水草その前に
水草には貝の卵や農薬が付着していることも。水草導入前に除去します。

ビオトープを愉しむ

環境意識の高まりもあり注目を集めるビオトープ。自宅でできる小さな生態系は、さまざまな生きものや四季の変化が見られ、飼育だけではない楽しみを広げてくれるはずです。

ビオトープとは？

自然の水景に
生態系が作られる

ビオトープとは、ギリシャ語の生命（bio）と空間(topos)を由来としたドイツ生まれの造語です。生物の生息地や生物が住みよい環境を人の手で作ることを指します。アクアリウムにおけるビオトープは、「水を張った容器内の水生植物と水棲生物の活性により回る生態系」の意味で使われるのが一般的。ますます注目のジャンルです。

ビオトープのスタイルいろいろ

植物を植えやすい
容器を選ぼう

まずは植物や水草を植えるための容器を設置します。容器は鉢、トロ舟、器など。ビオトープにおいて、植物は酸素の供給、夏場の水温上昇の抑制、生物のストレス軽減など非常に大きな役割を担います。植物を安定して育てるために、明るい場所に容器を置きましょう。理想は、日当たりが良く、でも西日は当たらず、風通しの良い場所です。

置くだけでOK！沈める寄せ植えインスタントビオトープ

植物が植えられたポットをそのまま鉢などに入れるだけ。手軽にビオトープの雰囲気を楽しめます。

水生植物の役割

直射日光を防ぐ浮葉植物

左／ウォーターポピー。中／アサザ。右／ヒメスイレン。水面を覆うように葉が広がる浮葉性植物は、直射日光を水面で受け止め水温の上昇を防ぐためビオトープには欠かせません。スイレンは春が過ぎると大きく美しい花を咲かせるので、メダカと並ぶビオトープの主役になるでしょう。

水質浄化を促進させて日陰を作る有茎草

左／エゾミソハギ。中／ミムルスリンゲンス。右／ヌマトラノオ。枝分かれして葉っぱをたくさんつける有茎草は成長が早く、水質浄化能力が特に高いのでビオトープに最適。広げた茎や葉によって日陰ができるので水温の上昇を防ぎ、夏場でもメダカが快適に過ごすことができます。

高く伸びた強い茎で外敵からメダカを守る

左／フトイ。中／シュロガヤツリ。右／十和田アシ。上に向かって高く鋭く伸びるこれらの水性植物は、触るとチクチクします。鳥や猫などが嫌うため、無防備なメダカを外敵から守ってくれる頼もしい存在になります。フトイは環境によっては高さが2m以上にまで達することもあります。

メダカに寝床を提供してくれる抽水植物

左／ミズトクサ。中／ヒメオモダカ。右／サウウルス。水底に根を張り水深があっても生育に問題がない抽水植物は、水中に複雑な地形を作り出して魚のすみかになります。また、細い茎を持つミズトクサなどはメダカにとって絶好の産卵床にもなり、稚魚が身を寄せる隠れ家にもなります。

産卵処になる浮草

左／ホテイソウ。中／サルビニアククラータ。右／アマゾンフロッグビット。浮草を入れるだけで「ビオトープ感」が増すだけでなく、水温上昇の抑制・水質浄化の効果があります。春が来るとかわいらしい花を咲かすこともあり、見た目を楽しませるだけでなく、最高の産卵床になってくれます。

ビオトープの作り方①
スイレンを中心にした
万能スタイル

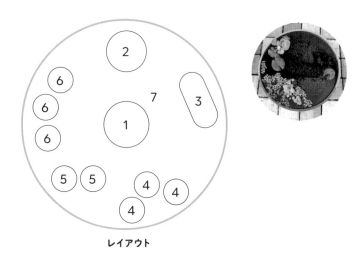

レイアウト

1 スイレン 桃

2 ホテイソウ

3 マツモ

4 アマゾンフロッグビット

5 フィランサス
フルイタンス

6 サルビニア
ククラータ

7 赤玉土

このレイアウトの主役はスイレンでしょう。中央に鎮座
したスイレンを中心にさまざまな浮き草が散りばめられ、
メダカは水面下でのんびり過ごせるはずです。5〜10月に
はメダカと一緒にスイレンの花も楽しめます。マツモは
茂るとメダカの隠れ家になります。底に敷いた赤玉土は
バクテリアが棲みつきやすく、水質が安定します。

ビオトープの作り方②
手間なしカンタン
本格的なビオトープ

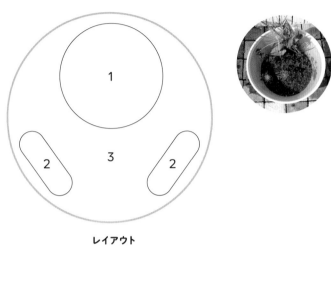

レイアウト

1 置くだけ簡単
沈める寄せ植え

2 ルドウィジア
セドイデス

3 大磯砂

水草を寄せ植えた「置くだけ簡単沈める寄せ植え」は、ポットを沈めるだけであっという間にビオトープを作り上げます。水陸両用なので完全に沈めてもいいですし、半分まで水にひたしてみるのもいいでしょう。ルドウィジア セドイデスは夏場になるとさらに美しく水面を彩ります。底に敷かれた大磯砂は一度レイアウトしてしまえば半永久的に使用できます。

ビオトープの作り方③
シンプルがいちばん
美しいのです

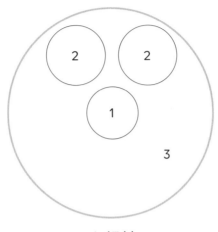

レイアウト

1 姫睡蓮 赤

2 置くだけ簡単
沈める寄せ植え

3 赤玉土

　このレイアウトのポイントは奥に2の「置くだけ〜」を2
つ配置したことでしょう。レイアウトの基本は手前と奥
で二つのレイヤーを作ること。奥に水槽の重心となる水
草を配置した結果、手前の姫睡蓮とのコントラストがは
っきりして、小さな水槽でも奥行きが生まれていること
がわかります。手間なくシンプルですがムダが削ぎ落さ
れた美しさがあります。

ビオトープの作り方④

流木を投入するだけで 一気にワイルドに

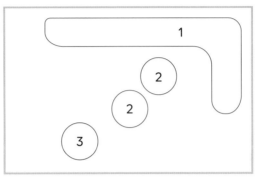

レイアウト

1 流木×5

2 置くだけ簡単
沈める寄せ植え×2

3 ミズオジギソウ

ビオトープで特に人気のアイテムが流木です。流木を水槽に配置する利点は圧倒的な存在感。水草と組み合わせることで細かい表現が可能になり、デザインの幅が広がります。ビオトープにはあく抜きされた市販の流木を使いましょう。手前のミズオジギソウは触れたり、夕方になると葉を閉じるので、情景に表情を与えます。見どころ満載のレイアウトです。

ビオトープの作り方⑤
神秘的な世界へいざなう
メダカの秘密基地

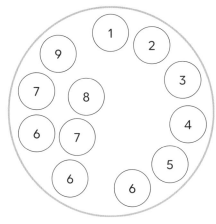

レイアウト

1 シュロガヤツリ

2 シペルス ロングス

3 ウォーターミント

4 斑入りクサヨシ

5 クワイ

6 ヒトミソウ（桃花）

7 イボクサ

8 ハーツペニー
ロイヤルミント

9 シロネ

　たくさんの水生植物が目を惹きますが、このレイアウトの狙いは手前に小さな空間を作り出すことです。メダカは外敵に見つからない隠れ場所の多い環境を好むため、自然に近い環境でメダカの生態をそっと覗き見るようなワクワクを味わえます。シュロガヤツリと流木で高さを演出しているのも見栄えを良くします。青々と生い茂る多様な草花とメダカの共演を楽しみましょう。

ビオトープのメンテナンス

一度作ってしまえばほとんど手間がかからないビオトープ。ある程度、そのままでも問題はありませんが、定期的にメンテナンスできると安心です。そのポイントを紹介していきます。

日々の観察ポイント

手間いらずでエコなビオトープは基本を押さえればOK

基本的には水質の悪化を気にするだけで大丈夫です。ゴミがあれば取り除き、水が濁ってきたら水換えするといいでしょう。植物が伸びすぎたり増えすぎた場合は適度に剪定して風通しを良くしておきましょう。

基本はこれだけ

・水が濁ってきたら水換えをする

・水の蒸発が目立ってきたらカルキ抜きをした水を足す

・伸びすぎた植物は剪定して風通しをよくする

・ボウフラの湧かない時期はエサを少しあげる

水温

屋外でのビオトープは夏場に水温が上がりやすいのが課題。日光を完全に遮らず日陰を作る工夫を。

観察ポイント

・30℃を超えないように暑いときは日陰を作る

・38℃以上だとほぼ死にます

・冬はメダカが水面と一緒に凍らないように水深に注意

水の状態

水温が高いと水質は早く悪化します。週に一度ぐらい、全体の1/3ずつ水換えすると水質は維持されます。

観察ポイント

・緑色の濁り…グリーンウォーターでメダカには最適な環境ですが、気になる人は直射日光を入れないようにすると改善

・茶色っぽい濁り…粒子の細かい泥が着底せずに舞っている状態。何回か水換えをすると透明に

・白っぽい濁り…有機物が溶け込みすぎている可能性。腐ったような匂いがする場合はすぐに水換えを

・黒っぽい濁り…植物の根などの灰汁、あるいは水自体が腐っている可能性。水換えを行い、植物を取り出して植え替えも行う

外敵

屋外にはメダカを狙う外敵がたくさんいます。また植物にも害虫がつくことがあるので注意が必要です。

観察ポイント

・ボウフラ…成虫すると蚊になるのでなるべくメダカに食べてもらう

・ヤゴ…メダカなどの小型魚を食べる。葉の上に抜け殻を残すので確認

・ヨトウムシ…ガの幼虫です。植物が食害に遭うため見つけ次第取り除く

・猫や鳥、アライグマなどのほ乳類…水を飲みに来ます。メダカを狙うようであればネットをかける

季節ごとの観察ポイント

春
- □ 沈殿したゴミをスポイトなどで掃除
- □ 藻を取り除く
- □ 植物の根を手入れして必要な植え替え

夏
- □ 暑いときは日陰を作る
- □ 藻を取り除く
- □ 伸びた水草を剪定する
- □ 大雨や台風で水が溢れないようにする

秋
- □ 冬眠に備えてエサをしっかり与える
- □ 冬眠させずに越冬させる場合は室内に移動

冬
- □ 水底まで凍らないように注意する
- □ 水が蒸発していたらカルキを抜いた水を足す

季節の変化を楽しもう

　ビオトープの最大の魅力は、四季の移ろいをメダカと一緒に感じることができる点にあります。美しいビオトープを維持するには人の手を加える必要があります。難しいことはありません。季節ごとのポイントに注意しながら、のびのびと泳ぎ回るメダカを堪能してください。

ビオトープの広義と狭義

広義のビオトープの定義は「水辺と植物」ですが、狭義のビオトープの役割と目的は「元々その土地にあった自然環境（特に湿地帯）を保全する」ということにあります。

美しいレイアウトの法則

雑誌などで見かけた美しいレイアウトの水槽に憧れたことはありませんか。自分だけのアクアリウムを作り出すのは実はそんなに難しいことではありません。美しく見せるためのコツを紹介します。

レイアウトを組む前

構図を決める

レイアウトする前に構図を決めましょう。構図を決める上で重要なのは「いかに奥行きを表現できるか」です。部屋に置く水槽の大きさはせいぜい横幅45cm程度。奥行きを意識するだけで、水槽の中の世界がどこまでも広がるような錯覚を覚えるはずです。レイアウトでは「重心がどこにあるか」も重要です。水槽の前に立つ人の視線が自然とどこに向くかを意識すると、レイアウト作りが楽しくなるはずです。アクアリウムに正解はありません。あなただけの作品を作りましょう。

三角構図

水槽の片側から傾斜をつけて素材を配置する構図です。高低差をはっきりつけることで、奥行きを感じさせています。バランス良くメリハリのある構図で、小型のキューブ水槽でも手軽に構築できます。

凸構図

水槽の中心に背の高い素材を配置する構図で、美術品の展示のように美しく見えます。一見簡単そうに見えるのですが、中央以外に配置する素材のバランスがやや取りにくいため、水草の配置には特に経験が問われます。

凹構図

両サイドに背の高い素材を配置して、中心に空間を作る構図です。中心の空間には川や道を表現することも。左右の高さは対称である必要はなく、またへこみも中心より少しずらすことで、奥行きを出すことができます。

美しいレイアウト3つのツボ

1 一点透視図法、二点透視図法を意識

「一点透視図法」は消失点を決めて、すべてがそこへ収束するように描く手法。遠くまで続く道などを表現する際に使われます。二点透視図法は建物などを描く際に使われる手法。流木や石を使って奥行きを表現できます。

奥行きが大事！

2 水草は奥から高低差をつける

水草を美しくレイアウトするコツは3種類に分けることです。まず、手前に背の低い「前景草」を配置して、「中景草」でバランスをとり、背の高い「後景草」を配置します。これにより奥行きを出すことができます。

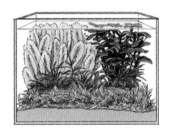
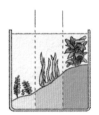

3 水面の上にも見せ場を作る

水槽作りを始めると水中のレイアウトばかりに目が行きがちですが、水上にも心を配ると遠くから見ても楽しそうな水槽が完成します。屋外飼育をするのでしたら美しい花を咲かせる水草や水生植物を選ぶといいでしょう。

レイアウトのアイテム

土、石、水草。この3つさえあれば、どんな表現も可能であると言っても過言ではありません。石が多ければワイルドな見た目になり、水草が多いとやさしい印象を与えます。出来上がりをイメージして揃えていきましょう。

石

風山石（ふうざんせき）
険しい山肌を思わせるゴツゴツした質感で自然の厳しさを演出できます。

龍迅石（りゅうじんせき）
墨で書いたような白黒の直線的な縞模様が特徴で和の世界観にぴったり。

木化石（ぼっかせき）
大昔の樹木の化石で暖かな色合い。明るさを重視したレイアウトに最適。

石は自然の風景を演出でき、石組みというレイアウトもあるほどアクアリウムに欠かせません。ほとんどの石には、水の硬度を上昇させ、水質をアルカリ性に傾ける性質があります。

輝板石（きばんせき）
キラキラ輝く板状の石で積むだけでダイナミックなレイアウトが可能。

陽火石（ようかせき）
しっとりとした質感で柔らかい印象に。岩肌の穴に水草を植栽できます。

流木

塊状流木（かたまりじょうりゅうぼく）
レイアウトの基礎として複数を重ねて使用します。

枝流木
細長い流木で単体でも観賞性が高いのが魅力です。

流木はレイアウトに人気の素材です。木に含まれる腐植酸で水質が酸性にならないよう市販のものはアク抜きをしてあります。

床材

ソイル
土を焼き固めたもので栄養がたっぷりです。

砂利
ゴミの掃除がしやすく、半永久的に使えます。

赤玉土
水草が育ちやすくメダカが好む水になります。

水草の生育に最も適しているソイルは、長く使うと形が崩れてくるため定期的な交換が必要です。赤玉土はメダカが好む水質に整えてくれます。床材は素材によって個性が違います。

水草

アナカリス
弱アルカリ性の水質を好み、とにかく丈夫でぐんぐん成長・繁殖します。

マツモ
水草の中で育成がもっとも簡単と言われており、低光量でも育ちます。

カボンバ
左の二つより光量を必要としますが水中では脇芽を出して増え続けます。

水草は育てるのに難度があり、難しいものでは二酸化炭素の添加や強い光量が必要とされます。左の水草はいずれも「金魚藻」としてもおなじみの水草で生育が簡単です。メダカのおやつにもなります。

浮草

ホテイアオイ
可憐な青紫色の花を咲かせます。よく増殖し、草丈は最大で60cm以上にも。

ウォータークローバー
クローバーのような形をしており、かわいらしい4枚葉になります。

ドワーフフロッグビット
円形の葉を放射状に展開して成長。日差しの強い夏は盛んに繁殖します。

買ってきたら水面に浮かべるだけでOK。植える手間がありません。水質を浄化する作用も高く、隠れ家になり、さらに根が産卵床にもなるのでメダカとの相性はバッチリです。

コケ

南米ウィローモス
落ち着いた色合いで複雑な茂みを作り出すためレイアウトで重宝されます。

巻きたてウィローモス
ウィローモスを流木や石にくくり付けることで、時間の流れを表現します。

ウィローモスボール
マリモのような見た目。美しいだけでなく産卵場所や隠れ家にもなります。

フワフワとした見た目で使い勝手も良いコケは高い人気を誇ります。水中の草原を思わせる茂みは隠れ家や産卵場所に向いており、レイアウトだけでなく繁殖にも活躍します。

バックスクリーン

背景が暗くなることで、手前の水草やメダカがくっきりと浮かび上がり、美しさが際立ちます。また、周囲が黒いほど体色が濃くなる保護色作用を利用し、メダカの色抜けを防ぎます。

水槽に直接貼り付けます。水槽の汚れが目立たないという利点もあります。

現場レポート
チャームのアクアリウム作り

水槽を彩るのはメダカだけではない。品質に定評ある
チャームの水草栽培の現場にお邪魔した。

注文が入ると一つずつスタ
ッフが手作業でピックアッ
プする。もちろん状態のい
いものから選んでいく。

ここはまるで水草の楽園

　水草専用のビニルハウスに一歩足を踏み入れた途端、むわっとした湿気に包まれる。室温は25度近くあり、亜熱帯の国に来たかのような錯覚を覚える。

　広大なチャームの敷地内にあるハウスのいくつかを専用棟にして、その中で水草を自社生産している。品質管理を生産から発送までを一貫して手がけることにこだわっているのは、「水草販売がチャームの原点」という自負があるからだ。ハウスとは別の温室では、LEDライトの光、肥料、二酸化炭素などにより、水草が好む弱酸性の水質に。適切な管理下で水草たちを元気に育てている。

　水草を担当する近藤さんは経験豊富な入社7年目。テキパキと作業をこなしながらも、水草に送る視線はやさしい。
「水草が元気に育ってくれるとうれしいんですよね」

　水草を管理する水槽の中に目をやると、ヤマトヌマエビやミナミヌマエビ、さらに小さな熱帯魚が自由に泳ぎ回っている。ここは他の生体たちにとっても楽園になっているのだ。

水槽のレイアウトで重宝するとあって人気の「巻きたてウィローモス」は、一つひとつスタッフが手作業で巻いていく。同じ形状のものはないので、経験や腕が問われることも。スタッフたちの努力の賜物は、水槽に豊かな個性を与えてくれる。

徹底した水草管理

水草の管理は、知識はもちろん、技術や経験も必要とされる。チャームでは良質な水草を提供することを強く意識している。自宅の水槽で育成する場合でも、二酸化炭素、肥料、光、それにソイルがあればよく育つ。

残留農薬などの管理にも気を配っていて、HPを見ると、水草のそれぞれのページに、無農薬なのか、あるいは残留農薬処理済みなどの表記がしっかりと書かれている。輸入した水草については、抜き取り検査をして農薬チェックを必ず行う。

メダカは新しい水草がくると歓迎してくれる。魚には水草と一緒に快適な環境でいてほしいと願っている。
「水草とメダカの両方を楽しめば、両方ともうまく育ちますよ」

新卒でチャームに入社した近藤さんは生き物が好きでこの仕事に就いたという。「仕事はとっても楽しいです！」

メダカの課外授業④
もう悩まないコケ対策とは？

　メダカを飼育しているかぎり、水槽に生えるコケと上手に付き合う必要があります。コケが発生する原因は、①コケの養分となるフンや食べ残しなどが水槽にたまっている、②水質が不安定であることが挙げられます。

　水槽に汚れがたまる理由は、エサを与え過ぎている、ろ過能力が十分でない、水換えや掃除が不十分であることが考えられます。また、一見キレイに見える水でも栄養が蓄積していればコケは生えます。

　手っ取り早く除去するのであれば人力にまさるものはありません。メラミンスポンジや専用道具を使って壁面についたコケを落として、ゴミを取り除いてから水換えを行いましょう。

　簡単にできる対策は、水換えを行い、水槽内の養分を減らすこと。すでにコケが発生しているときは、水換えと同時に水槽内を掃除して、コケの養分となるものを取り除きましょう。ちなみに、定期的に水換えを行う場合、水槽の3分の1程度を入れ換えれば十分に効果があります。

　水換え以外にも、水槽内の水草を増やすことで、コケに回る栄養分を抑えることができます。タニシやミナミヌマエビなどの生体を使ったコケ対策もビオトープでは特に有効です。

　過度な光量もコケを発生させますので、水槽は窓際に置かず、ライトも12時間前後を目安に当てましょう。コケの発生を抑える水質調整剤やろ材、水槽に貼るネットなども市販されています。

放課後
もっと知りたいメダカのQ&A

実際にチャームに寄せられた問い合わせやスタッフの方が現場で聞いた声を中心にQ&Aを作成しました。

Q&A 初級編

Q. メダカって冬眠するんですか？

A.

外で飼う場合は冬眠します。室内飼育でも水温が10度以下になると冬眠する場合もあります。

Q. メダカと相性の良い水草は何ですか？

A.

屋内で水槽を管理をする場合はアナカリス、マツモ、カボンバの3種はメダカとの相性が良く、大きな手間もかかりません。さらにメダカの産卵床にもなるのでお勧めです。p95を参考にどうぞ。

Q. メダカと金魚は一緒に飼えますか？

A.

飼えます。ただし稚魚などは食べられてしまうこともあります。

Q. メダカの稚魚にはどのような餌を与えればよいですか？

A.

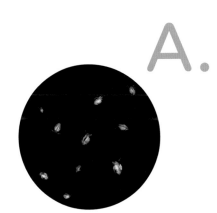

市販の稚魚用の人工飼料がいいでしょう。屋外ないしは屋内の日の当たる場所でビオトープ形式で飼育をする場合、クロレラなどの植物プランクトンやゾウリムシ、ミジンコなどの動物プランクトンが自然増殖できる環境を作ると、ほぼ放置で飼育できます。

Q&A 中級編

Q. メダカの飼育にヒーターは必要ですか？

A. メダカの適正水温は5〜28℃なので、基本的に必要ありません。ただ、氷点下や猛暑などの環境下では、外気温から保護できるよう工夫をしてあげてください。

Q. メダカの稚魚がすぐに死んでしまいます。

A. メダカの稚魚は水質の悪化や、水質・水温の変化に敏感で、また泳力も低く、エサ切れにも弱いので、管理がとてもシビアです。スポイトなどを使って頻繁にフンや残餌の処理をしつつ、少量ずつ水換えをすると良いかもしれません。

Q. メダカの卵はどうやって採ったら良いですか？

A. 指でやさしく摘まんで回収し、ガーゼなどにそっとこすり付けて粘膜や付着糸をこすり落とします。一粒ずつ分離したら別容器に隔離してください。メダカの卵は有精卵であれば簡単につぶれず（無精卵は簡単につぶれます）、短時間であれば水中から取り出しても問題ありません。粘膜や付着糸がついた状態で卵同士が密着していると雑菌などの影響でカビが生えて孵化率が落ちてしまいます。

Q. いろいろな品種の
メダカを同じ水槽で飼って
繁殖させ続けると
最終的にどうなりますか？

A.

交配を繰り返すうちに、地味な感
じの色合いに落ち着きます。

Q. お勧めの
フィルターは
何ですか？

A.

水槽の大きさにもよりますが、ろ
過能力や水流の強さ、メンテナン
スのしやすさなどの点から、外掛
け式フィルターがおすすめです。屋
内飼育でレイアウトや観賞を楽し
むときは外掛けで、繁殖に重点を
置く場合は、投げ込みのほうが使
い勝手がいいでしょう。

Q. 一番育てやすくて強いメダカはどれですか？

A.

ヒメダカを始めとした基本品種です。改良品種の場合は「品種」、原種の場合は「種」と表現しますが、メダカの場合、「クロメダカ」「ヒメダカ」「白メダカ」「青メダカ」の4品種が基本品種に該当します。

【番外編】
野生のメダカは何を食べているの？

ミジンコ、ゾウリムシなどのプランクトン、アカムシ、ボウフラなどの小型の水生昆虫、藻類などなど。メダカは雑食性であり、野生の環境下では動物性・植物性にかかわらずどんなものでも口にします。どこでも生きていける強い魚なのです。

おわりに

「知れば知るほど好きになる」

メダカを飼い始めた方はこう口を揃えます。

長い年月にわたり飼育を続けている方もたくさんいます。それはメダカが魅力的だからです。小さな体に溢れんばかりの生命力。キラキラ輝く鱗に、長いヒレ。美しいメダカは人間が愛情を注いできた歴史の結晶です。

繁殖に心血を注ぐ愛好家たちは、まだ見ぬ品種を作り出そうと日々メダカと向き合っています。本書ではメダカの飼育方法のみならず、繁殖の基礎知識や広がる品種改良の世界も紹介しました。メダカ図鑑のページで掲載したような改良メダカに興味を持った方はぜひ専門店やチャームのサイトをのぞいてみてください。扱う品種は時期により変わりますが、あなたの知らないメダカに出会えるかもしれません。

またビオトープなど、より自然に近い形でメダカを飼育しようという動きも広まっています。水槽のレイアウトを考えたり、水草を選んだりする時間は、とても楽しいものです。

今も昔もメダカは人間とともに暮らしてきました。メダカほど飼育しやすくかわいらしいペットはいません。成長や繁殖のサイクルも早く、自由研究などの観察にも最適です。

本書を通してメダカとの多様な付き合い方を知っていただき、あなたとメダカの生活が少しでも豊かになれば、こんなに幸せなことはありません。

【参考文献】

『かわいいメダカの本』小林道信（誠文堂新光社）

『世界一美しいメダカの育て方』戸松具視（エクスナレッジ）

『日本一のブリーダーが教えるメダカの育て方と繁殖術』青木崇浩（日東書院本社）

『メダカ　ビギナーのためのアクアリウムブック』九門季里（誠文堂新光社）

『メダカ飼育　アクアリウム☆飼い方上手になれる！』佐々木浩之（誠文堂新光社）

『メダカの飼い方と増やし方がわかる本』青木崇浩（日東書院本社）

チャーム運営のアクアリウム情報サイト
「AQUALASSIC」https://www.aqualassic.com/

【監修者プロフィール】

株式会社 チャーム

総合ペットショップ。1979年に群馬県にて創業し、「お客様とペットに豊かな暮らしを」をコンセプトに犬・猫・小動物・鳥・魚類・爬虫類・両生類・昆虫などのペット用品のほか、アクアリウム用品、ガーデニング用品を品揃える。植物にも力を入れており、水草・睡蓮などの水生植物を中心にビカクシダやネオレゲリア、食虫植物なども豊富に取り揃えている。オンラインショップのチャーム本店のほか、楽天市場支店、Yahoo!ショッピング支店、amazon支店などインターネット通販大手として事業を展開。実店舗（小石川店、HANA・BIYORIshop charm）も運営している。生体は金魚やメダカ、熱帯魚などの魚類から甲殻類、貝類、両生類、昆虫などを通販し、店舗限定で小動物や爬虫類を扱う。犬猫の販売は行っていない。

チャームのオンラインショップ
https://www.shopping-charm.jp/

【制作クレジット】

取材協力／株式会社チャーム

デザイン／米倉 英弘（細山田デザイン事務所）
イラストレーション／miltata
写真／原幹和、チャーム、pixta
執筆・編集協力／キンマサタカ（パンダ舎）
編集／森 哲也（エクスナレッジ）

はじめてのメダカ

2024年7月1日　初版第一刷発行

監修	株式会社チャーム
発行者	三輪浩之
発行所	株式会社エクスナレッジ
	〒106-0032
	東京都港区六本木7-2-26
	https://www.xknowledge.co.jp/
問合せ先	編集　Tel：03-3403-1381
	Fax：03-3403-1345
	info@xknowledge.co.jp
	販売　Tel：03-3403-1321
	Fax：03-3403-1829